华 | 立 | 夫 | 著

人民东方出版传媒
東方出版社

图书在版编目（CIP）数据

松露的秘密 / 华立夫著．—北京：东方出版社，2021.4
ISBN 978-7-5207-1726-7

Ⅰ．①松⋯ Ⅱ．①华⋯ Ⅲ．①块菌属—食用菌类—基本知识 Ⅳ．① S646

中国版本图书馆 CIP 数据核字（2020）第 200893 号

松露的秘密
（SONGLU DE MIMI）

作　　者：华立夫
责任编辑：刘　峥
出　　版：东方出版社
发　　行：人民东方出版传媒有限公司
地　　址：北京市西城区北三环中路 6 号
邮　　编：100120
印　　刷：天津图文方嘉印刷有限公司
版　　次：2021 年 4 月第 1 版
印　　次：2021 年 4 月第 1 次印刷
开　　本：710 毫米 ×1000 毫米　1/16
印　　张：11.75
字　　数：86 千字
书　　号：ISBN 978-7-5207-1726-7
定　　价：56.80 元
发行电话：（010）85924663　85924644　85924641

目 录

Mr. Truffle

董克平序：美食中的钻石

立夫写了一本关于松露的书，发来给我，让我提提意见。没想到一看就看进去了，把发来的文件看完，才去吃晚饭。

松露吃过很多，黑的白的，中国的外国的，在中国吃过，在外国也吃过。记忆最深的是在七彩云南大酒楼，黄静昆师傅试验松露菜式，那天松露吃了个够，不过那些都是云南产的黑松露，在云南叫块菌、猪拱菌。黄师傅说，松露在云南没什么人认，远不如牛肝菌、鸡枞菌、干巴菌的受欢迎程度。那时的我也是刚刚知道松露这种食材，知道它很名贵，在西餐中价格不菲，徐小平老师讲他在纽约一家餐厅吃意面，因为松露的原因，生生把25美元一盘的意面付成了125美元。徐老师说，侍者问他要不要加点松露，徐老师说加。侍者削了两片，徐老师觉得太少，侍者就继续削，徐老师说可以了的时候，这盘意面就变成了125美元。徐老师虽然有钱，不会在乎一两百美元的消费，但是这盘意面也实在是不便宜了，原因无他，就是那几片松露。

徐老师的故事让我知道松露这东西很贵，在七彩云南大酒楼第一次大口吃松露让我觉得松露这东西没什么好吃的，这是我第一次吃云南产的松露。自此之后，松露开始快速进入中式烹饪，前菜用，热菜用，汤菜用，甜品用，点心用，肉禽蛋海鲜各种菜式都能见到松露的影子。慢慢地中餐厨师也掌握了松露入菜的基本方法、方式，不再让娇嫩的松露与中餐追求的热度结合，而是成菜之时加以点缀，用适合的热度蒸腾出松露的香味，或是取其高傲的香气让冷菜性感妖娆。

华立夫先生经年行走在松露的重要产地，观察研究松露成长直至餐桌的每一步过程，并在老师的带领下，成功养殖出了高品质的黑松露。他把多年的经验和研究所得，汇聚在这本《松露的秘密》中，让我更深入了解了与鹅肝、鱼子酱并称顶级三大美食的松露。松露有黑有白，黑有黑的美妙，白

有白的华丽。白松露产地不多，意大利阿尔巴名气最大；黑松露产地广泛，法国佩里戈尔黑松露价格最高。以前以为松露只有野生的不能养殖，华先生跟着老师在澳大利亚完成了黑松露的人工养殖，并把这种技术推广到其他国家，目前澳大利亚黑松露养殖量最大，在夏季北半球松露淡季的时刻，让餐厅的菜单依然可以骄傲地印上松露的字样。中国也是黑松露生产大国，每年都会大量出口到法国、意大利，或是被制成松露产品，或是与当地所产的松露混合起来，变身为欧洲松露卖到世界各地。这种现象亟须改变，只是我们能否以科学的态度、严格的标准、可持续发展的理念，对待这些餐桌上的钻石——松露。

19世纪20年代的世界著名美食著作*The Physiology of Taste*（《口味生理学》）（1825年）的作者Jean Anthelme Brillat-Savarin对松露有这样一个评价："松露就是美食中的钻石。"（In fine, the truffle is the very diamond of gastronomy.）今天，就让我们跟随《松露的秘密》一起走进松露的世界，认识它，了解它，亲近它吧！

华立夫序：我与松露

其实从我心底来讲，从来没想过自己能出书，更不要说写序。所以最开始让我给这本书写序言时，我很抵触。原因有二：首先自小翻爬父亲书柜的我从来不读序，应该是文化和底蕴还不足。其次，不知道要写些什么，可能想说的很多，但又不知从何说起，到哪里结束。所以，在这里我就借此机会，聊聊自己与松露，与这本书的缘分吧。

其实从萌发写这本书的想法到真正着手开始准备大约历经了两年的纠结，从别人不经意的提议，到自己只是有一点想法，还没有完全的自信去完成一本书，到着手准备，对接出版社、最后审稿，我到现在也没有很全面的预判。对于这么一个特立独行的选题，估计也是无从估量最后会是怎样的。

关于松露的那些“秘密”我都留在书中正文，等您在阅读的时候去认识了解、去揭开谜团，而这里的文字可能更接近我的内心独白。

以前我没有想到自己会与这个“球”状蘑菇有这么深的羁绊，与它的相遇、相知，到成为我为之奋斗的事业，听起来就像是影视剧的剧本。在澳洲求学的时候有了一点条件去追求美食，那时算是真正遇到了松露。它的味道、口感每次都能带来与众不同的体验，但是它本身又千差万别。这激发了我的兴趣，仿佛让我重回那个对世界充满无限好奇的儿童时期，我当时在网上，搜索一切能够找到的资料、故事，甚至传说去了解，我去探访农场主、庄园主、种植户，甚至是餐厅服务员的阿姨，只因为她说自己在尝试种植松露。

终于我遇到了我的引路人布莱克——这个南半球第一个种植出松露，性情乖张的老头，他是我的良师益友。我帮着他干活，耳濡目染，加上消费，买买买松露，让我至少成为一个可以近距离学习和了解松露以及这个行业的人，也正是这段经历让我在美食圈得以有理有据地评价任何人使用松露的情况，当然这其中也会和一小部分不太接受意见的“名厨”产生争议。

在把“松露”作为自己的人生事业之前，我曾在“四大会计师事务所”工作过，并且在加拿大最大的矿业工程咨询跨国公司平步青云，一边还在与麦肯锡团队联手做着国家、区域的发展规划。但是转念之间，我却要来到中国把“松露”这件事作为自己的人生使命，当时几乎所有人都认为我疯了。时至今日，说实话我也不知道自己是哪来的勇气，或者说怎么就“鬼迷心窍”地认为自己可以将松露挡在国人眼前的帷幕揭开。不过既然选择了这条路，那就一定要走下去。

写这本书的时候，我的松露事业也即将进入第三年。不到三年的时间里，我和我的团队小伙伴们重新筛查了一遍中国主产区的松露品种、生长区域和环境，也做了必要的DNA测序。我们还完成了一些松露加工品基本产品的研发和生产，并相继面市。我们建立了自己的加工品工厂，这是值得骄傲的。回想当初，我没有想到自己会如此地深入食品行业。就在写这些文字期间，我与几方投资人很认真地商讨在中国落地人工种植松露的细节。一切的一切似乎都在向好的方向发展，那些年吹过的牛没有随青春一笑了之，正在一一实现。

左一为韩爽（Tim Han），左二为作者华立夫，右一为 Istvan（站立）

从最开始爹妈都不信，认为我在胡闹，到慢慢地让他们认可我的努力和坚持，一路走来的那些年里，有太多的不眠夜，有拔不净的白头发，还有那些无法控制的体重。

很感谢当初那个有着莫名自信的热血青年

很感谢那个不知放弃始终不改初心的自己

很感谢那些愿意与我一路同行的伙伴

很感谢你们跟着我一起成长

很感谢你读到这里

希望内容不是太糟

第一章
松露的前世今生

引 言

那是多年前在悉尼的一个晚上，结束一天忙碌工作的我坐在大厨 Tetsuya Wakuda 的餐厅 Tetsuya's 里饥肠辘辘地等待着我点的主菜上桌。当服务生端着盘子朝我走过来的那一刻，餐厅内几乎所有的食客都抬起了头，被空气中渐渐弥漫开来的气味所吸引。在这个不到 40 平方米的空间里，香气慢慢扩散、充盈，所有人的目光都聚集在了服务生的手上，跟随着他来到我的面前。

低温慢煮过的肉浸泡在牛骨汤中，昆布和木鱼花赋予其第一层鲜美的香气，小葱和熟蒜让第二层香气更富有活力，松露片成为最后的点睛之笔，让所有的香味交融起来，随着菜品温度的变化，更呈现出不同的风貌。人们常说食物总是与记忆相关，这就是我关于松露最深刻的记忆，它让我沉迷其中，渴望了解关于这个神奇食材的一切。

不过，我在澳大利亚起早贪黑，风里来、泥里滚地跟随我的老师 Blakers 先生学习种植松露之前，对于松露的认知也停留于此，停留于“松露”这个词、停留于无法捉摸的香味上。如今在这个行业浸淫多年，除了熟知它作为食材的功能，也揭开了它一层又一层的“神秘面纱”，了解了那些“看上去很美”的故事。不过，现在的我依旧热爱松露做成的美味，也更希望以科学、客观的态度让大家了解这种“神秘而高贵”的食材。

谈到松露，大家首先想到的是200多年前世界著名美食著作《口味生理学》(*The Physiology of Taste*)(1825年)的作者让·安泰尔姆·布里亚－萨瓦兰(Jean Anthelme Brillat-Savarin)对松露的赞美："松露就是美食中的钻石。"(In fine, the truffle is the very diamond of gastronomy.)在之后的历史中，松露更是与鹅肝、鱼子酱被世人称作"欧洲三大珍馐"，如今松露的盛名早已走出欧洲，受到世界各地无数人的追捧。

极具传奇色彩的美食作者Paula Wolfert第一次品尝到黑松露的时候是这样描述的："如同大地、天空、大海。我感受到了自然，我的嘴里都是泥土的芬芳。成熟、调皮，令人无法描述……这是奢华与质朴的最佳组合。”（*The Cooking of Southwest France*）

复杂的香味、众多的传奇故事、令人咋舌的价格，还有神奇的搜寻方式，为松露增添了很多神秘的气质。大家只要是吃到以松露为食材的菜品，先不论口感、味道，都会莫名生出一种高贵感。然而对于这种真菌，除了这几分感官体验，大家对松露有多少科学理性的了解，就不得而知了。

在松露行业内，分辨一个人对松露的了解有多少其实并不难。只是知道意大利阿尔巴（Alba）白松露、法国佩里戈尔黑松露（Périgord）等这些名词远远不够，习惯用大小来界定松露的价值，或者只是简单推崇野生松露，这些大家习以为常的观点，反而暴露出了对松露真正认知的欠缺。

每个行业都有自己的“行业术语”，松露这一行也不例外。在这里，有着业内默认的“关于松露的灵魂三问”：

是什么品种？

质量如何分级？

采收价格是什么？

别看这些问题简单，但绝对抓住核心，振聋发聩。那为什么会是这三个问题，我们就要回到最初，了解松露到底是什么。

1.1 松露是什么

抛开那些闪光炫目的头衔和神秘的传说故事，无论是从它的本源，还是生长环境来说，松露其实还是很接地气的。只要是松露，不论黑白，都是一种一年生的天然真菌类植物，属于盘菌纲盘菌目西洋松露科西洋松露属。

松露的生长过程完全在地下进行，无法进行光合作用，所以只能与树根共生，在树根部形成菌根（mycorrhiza）。不少人会在这个概念上混淆，觉得松露是“寄生”在树根上，其实“寄生”与“共生”是两个完全不同的概念。寄生是指一种生物个体寄宿在另一种生物个体上，以吸收宿主的营养物质求得生存。而共生则是两种生物相互合作，相辅相成。松露与树木的关系就是“共生”，松露从土壤中吸收水分、矿物质等营养元素为宿主树提供养料，同时把树木光合作用在其根部制造的碳水化合物作为自己生长的养分。

熟过的松露会在土壤里解体腐烂，释出孢子，发芽长成菌丝，遇到树根须后共生长大。松露子囊有1—4枚孢子。1701年，法国植物学家图尔纳福尔（Joseph Pitton de Tournefort）首次在显微镜下观察到了孢子。这些孢子散发出森林的潮湿气味，带着干果香气，能够吸引小动物前来，这样可以将孢子带到各处。

松露共生的树木以橡树为主，也有榛子树、椴树、榉树、桦树、松树、杨树等，黑松露和白松露的共生树木也略有区别，黑松露伴生的多为结有果实的树，白松露共生的树种果实较少或者没有，且大多数果实不能食用，这也是两种松露香气种类、复杂程度不同的原因。在共生的过程中，橡树确保菌丝附着成功率，榛子树确保出产量。

白松露共生树木图

松露对生长环境要求非常严苛，这也成为它价格高昂的原因之一。松露一般生活在地表以下 8–30 厘米处，尤其喜欢弱碱性土壤（pH 值在 7.8–8.2），比如以石灰岩为基质形成的土壤。而且土壤必须疏松，容易排水，并且透气。松露生长地的气候需要四季分明，夏季雨水充沛，确保发育。冬季接近成熟期，雨水不能过多，否则容易造成腐烂和寻找困难，温度最好在零度左右。

黑松露共生树木图

松露的生长需要有温度的变化，尤其是四季分明的地方，冬季能够达到多次霜冻最好，当这些天时地利都聚齐，才可称之为理想的生长地。而且松露这种真菌尤其敏感和矫情，当阳光、水量或是土壤酸碱度其中有一个发生变化，就会影响它的生长，而且说不定第二年就完全不见踪迹。野生成熟的松露，大小也很难把控，既可以小如石粒，也可能大到 1 公斤以上。据新闻报道，2016 年，澳大利亚的松露农民在维多利亚州挖掘出一颗重达 1.5 公斤的松露。

1.2　松露的历史

关于松露的最早记录出现于新苏美尔时期（公元前 1700—公元前 1600 年），苏美尔人的铭文中用楔形文字记载了他们的敌人亚摩利人（Amorite）的饮食习惯，据说他们常常吃松露。等再遇到关于松露的记录已经过了数百年，公元前 14 世纪，在希腊植物学家泰奥弗拉斯托斯（Theophrastus）（公元前约 371—公元前约 287 年）的笔记里又提到了松露。

科学研究已经证实，地球上的松露出现的历史比人类早了很多，大约在 2.8 亿年到 3.6 亿年前。在古生代时期，因为甲虫的回游，将松露孢子散播到世界各地，在北美人们发现了 Tuber Spinoreticolatum 的化石，而在意大利的皮埃蒙特则发现了另一种更加特别的松露化石。

在古希腊古罗马时期，人们对于松露的起源众说纷纭，赋予其浓郁的神话色彩。公元前3000年，古巴比伦人曾在海滩和沙漠的沙子里寻找松露。在神话故事中，松露受到了爱神的青睐，关于松露有着春药功效的说法最早也是从这个时期出现的。当然，同时也有一些相对理性的声音出现。比如，罗马传记文学家、散文家普鲁塔克（Plutarch，公元46—120年）认为松露是光、土壤里的热量和水的结果，古罗马的医学家狄奥斯科里迪斯（Pedanius Dioscorides，公元40—90年）认为松露是块茎的根系。各种说法一时众说纷纭，但是都不准确。

到了17世纪，松露逐渐取代了味道浓郁的东方香料，开始在欧洲盛行。人们开始真正喜欢这种食物的天然风味，尤其在法国，松露是巴黎市场上的紧俏货。从那时起，越来越多的学者开始研究松露。

到了文艺复兴时期，松露开始获得贵族和皇室的青睐。教皇从罗马搬到阿维尼翁后，对松露更是喜爱不已。教皇的历史学家巴特鲁姆·普拉提纳（Bartolomeo Platina）在1481年记载了有关找寻松露的事情，他写道："有一种母猪特别擅长寻找松露，可是人们应该让它们戴上口套，以避免它们将松露吃个精光！"

说到松露的找寻，关于是用猪还是用狗这个问题，无论是网络还是书本都解释得比较模糊。不仅我们所接受的信息都表明是猪，而且松露在我国西南产区，有被人称作"猪拱菌"，欧洲的很多消费者也一直觉得都是猪的功劳。可是当你去意大利，跟着"松露猎人"们去挖松露的时候，看到他们一般都是用狗来寻找。那么究竟是猪还是狗呢？

最早的松露猎人们的确都是用猪，而且是母猪，因为在地下生长的松露会散发一种类似雄性唾液的性信息素——雄甾烯酮，母猪一旦闻到这种气味，就会去拱。但是猪是不靠谱的，它拱出松露后，不仅不会主动给你，而且会很快就吃掉了。如果你要“猪口夺食”，需要冒极大的风险，有机会去意大利，遇到老一辈的松露猎人，你会发现很多人手指会有残缺，很多情况下这就是在猪口抢夺松露的结果。同时，从对于保存松露的完整性来说，猪拱也会带来很多问题，因为菌丝都特别脆弱，极其容易被破坏，一旦破坏，便再无长出松露的可能。

20世纪70年代，市场对松露的需求大大提高，越来越多的松露猎人开始使用猪来寻找松露，大量松露的菌丝体被损坏，几乎毁掉了整个行业。1985年，意大利颁布法律，禁止在某些特定条件之外使用猪来寻找松露。不过在云南，则又是另一番景象。20年前，法国人当时在云南收购松露，当地人都是拿大爬犁耙地，将整个山头都翻腾一遍，这种粗犷地找寻松露的方式对当地生态的有序保护伤害很大。

黑松露在法国一直受到热捧，但是阿尔巴的白松露直到20世纪初还无法与法国黑松露相提并论，只是无名之辈。这个局面的改变，要感谢Giacomo Morra，有媒体称其为“松露的教父”。在意大利的阿尔巴朗格（Langhe），Giacomo Morra不仅拥有自己的酒店——萨沃纳酒店（Hotel Savona），而且在1930年，他建立了第一家专门从事阿尔巴白松露加工和销售的公司——Tiatufi Morra。实际上他就是阿巴尔松露展会（Truffle Fair of Alba）的创办者，如今这个展会依旧存在，吸引着世界各地的人们前往。

为了让更多的人知道白松露，1949 年，“营销鬼才”Giacomo Morra 发起了一场神奇的推广营销运动，向知名运动员、演员、政坛人物颁发“年度最佳松露”奖，将白松露直接送给他们。获奖者包括一众响亮的名字，其中就有丽塔·海沃斯（Rita Hayworth）、玛丽莲·梦露（Marilyn Monroe）、英国首相温斯顿·丘吉尔（Winston Churchill）、美国总统哈里·杜鲁门（Harry Truman）、美国总统德怀特·艾森豪威尔（Dwight David Eisenhower）和 1965 年在职的教皇保罗六世。梦露在她给 Morra 的信中写道：“亲爱的 Morra 先生，我从来没有品尝过这么美味又令人兴奋的东西。”

1959年，著名导演阿尔弗雷德·希区柯克（Alfred Hitchcock）也应邀专门来到意大利阿尔巴。松露的神秘特性也吸引了这位惊悚悬疑片大师，希区柯克甚至特地写了一个关于当地松露猎人被谋杀的剧本。虽然最后没能拍成电影，但是当这位导演回到好莱坞时，他将自己对于松露的好奇分享给了更多的人。

20世纪50年代后期，Giacomo Morra终于梦想成真，意大利的阿尔巴白松露（Tuber Magnatum Pico）已经出口到世界各地，被无数食客追捧，广受国际的认可。1945年，阿尔巴松露博览会（Fiera Nazionale Tartufo Bianco d'Alba）上，两块白松露的价格约为3美元，而到了2017年，一块1890克（4.16磅）重的意大利阿尔巴白松露在苏富比拍卖行以61250美元的高价拍出，前后相比真可谓是天翻地覆的变化。

松露研究道路上的一些重要事件

1699 年，英国学者约翰·雷（John Ray）发现了松露里的一些微观结构，后来被称为“孢子”。

1711 年，法国植物学家艾蒂安·弗朗索瓦·若弗鲁瓦（Etienne François Geoffroy）第一次将松露定义为一种菌类。

1729 年，佛罗伦萨的乔瓦尼贝·尔纳多·维哥（Giovanni Bernardo Vigo）准确地定义两种黑松露：黑孢块菌（Tuber Melanosporum）与夏块菌（Tuber Aestivum）。

1780 年，波兰的让·米歇尔博尔奇（Michel-Jean de Borch）在他的《关于皮埃蒙特松露的家书》（*Lettres sur les truffles du Piemont*）里准确地描述了皮埃蒙特松露的外形和口感。

19 世纪是松露的鼎盛时期，当时整个欧洲的产量可以达到 2000 吨，人们对如何吃松露也有了更多的想法。1894 年法国厨师，曾担任过俄罗斯及普鲁士宫廷的厨师长于尔班杜布瓦（Urbain Dubois，1818—1904 年）在他的两本书（*La Cuisine de touts les pays* 和 *Cuisine Classique*）里提到了意大利松露的美味，并且给予了很多食用松露的建议。

松露的稀有珍贵和广受欢迎，激发出人们种植松露的想法，19 世纪末，Giuseppe Gibelli 教授在都灵大学发现菌根后开始研究松露的栽培，这也是人工尝试种植松露的源头。

而后随着两次世界大战的爆发，许多地方的松露产地被破坏，产量也出现断崖式下跌，价格一路高涨。不过到了 1960 年，松露产量达到史上最低，全球总产量连 400 吨都不到，松露的主要产区也从法国转移到了西班牙。

20 世纪 80 年代末，澳大利亚的 Blakers 先生[①]与一位来自法国的研究者在澳大利亚一起

---

① 我的老师。

研究松露的种植，开始了将近10年的育种。

1999年，来自澳洲塔斯马尼亚的Tim Terry第一次在澳洲种植出了松露。只不过在第二年菌种却消失了，所以严格说来，并不算是人工种植松露成功。

2000年，随着悉尼奥运会的举办，一大批厨师来到澳大利亚，也涌入了很多移民。由此出现了一种新的美食风潮，以法餐为基础，融入日餐、泰餐、中餐等的“现代澳大利亚（Modern Australian cuisine）”风格，其中的代表人物有Peter Gilmore、Ben Shewry、Tetsuya Wakuda、Neil Perry等名厨。他们将澳大利亚松露运用于菜品，并推广到世界各地。

2007年，Blakers先生的松露种植实现了稳定的量产，年产量达到将近2吨。

2013—2015年之间，阿根廷、智利开始种植松露。

2015年，澳大利亚的松露种苗出口到南非，南非开始种植松露。

1.3 松露在哪里

曾经有人写道，松露为什么如此昂贵？因为它们是如此难以寻找，如此难以种植，而且新鲜松露最性感的香气在一周之内便会消失殆尽。

寻找野生松露，从来都不是一件容易的事情，因为这种真菌对于生长环境有着无比严苛的要求。而基于它所需要的这些地理气候条件，我们可以在世界范围内大致描绘出松露产区的轮廓。这其中有老牌的松露知名产地，也有大家所陌生的低调产区，更有未来可期的全新增长点，也有一些地区，新近发现了松露品种，虽然还没有商业价值，但是蕴藏着无限的可能。

黑松露产区

中国的东北、云南、四川、台湾

日本、法国、西班牙、意大利、匈牙利、葡萄牙、伊朗、澳大利亚、新西兰、智利、南非、阿根廷

中国东北地区的松露很有趣，产量不是很集中。而且在大兴安岭、小兴安岭经过几次火灾之后，产区也不是很明确。在东北，松露经过短暂的成熟期后，便立刻进入寒冷的冬天。但是原始森林里的大量落叶和有机质的覆盖，确保了地表下的温度能够让菌丝生存。这也是在东北这样的气候条件下，依旧能够找到松露的原因。台湾省高海拔的山区虽然也有发现松露，但是同样达不到量产，不具备经济价值，无法进行商业化运作。

20 世纪末，中国科学家在喜马拉雅山脉的东南地区发现了黑松露。云南、四川攀枝花地域、金沙江流域等地是中国松露的主要产地。

日本和泰国都有发现松露，但是不具备经济价值。

伊朗和匈牙利的夏松露产量非常之高，而大多用来出口。

这里重点要说的是南非、智利、阿根廷三个国家。2017 年智利的松露种植面积达到 600 公顷，产量达到 500 公斤，阿根廷的种植面积为 85 公顷，产量为 35 公斤。南非的松露种植园普遍比较年轻，80 公顷的面积，产量达到 15 公斤。在未来 3 年，这 3 个国家将成为极具爆发性的增长点。因为他们的种植规模、种植技术都相对比较成熟。而且也有报道说南非、智利、阿根廷在松露种苗和育种上都比较成功，在树苗 3 岁的时候，就开始出产松露了。从某种程度上来说，这也意味着这些国家的人工种植松露技术越来越成熟，成功率也越来越高。

白松露产区

意大利、塞尔维亚、匈牙利、罗马尼亚、克罗地亚、保加利亚、中国云南、加拿大

意大利著名的阿尔巴白松露其实在克罗地亚小城 Mirna 的河谷也可以找到。同一个品种，不同的名字，在这里它被称为伊斯特拉白松露（Istrian White Truffle）。

塞尔维亚、罗马尼亚、克罗地亚、保加利亚的白松露种类相近，产出的白松露主要用于出口。塞尔维亚别看国家不大，一年的松露产量也可以达到 100—200 公斤，而且它也逐渐从意大利的影响中走了出来，在国际松露市场有了自己的一席之地。匈牙利既有黑松露也有白松露，产量非常可观，最高每天能达到一吨。

其他种植和野生松露产区

加拿大、澳大利亚、中国云南

加拿大虽然发现了野生松露，但是品种尚无准确定论，而且产量很少。

就全世界的松露产区范畴来说，澳大利亚产区堪称是最具特色的一个产区。因为这里原本没有松露，完全是后来人工种植才有的，而且澳大利亚产区也是整个南半球有人工种植和产出松露的首个产区。在澳洲，最早是西澳和塔斯马尼亚尝试种植，最后以西澳产出稳定，技术相对成熟，稳稳坐到人工种植松露产区的宝座之上。

关于当时澳大利亚的育种和育苗，坊间流传的故事是有人从国外将松露的种苗带进了澳大利亚。流传故事的版本是这样的，20 世纪 80 年代末，松露被人藏在皮靴中带进了澳大利亚。作为一个四面环海的“大岛”，外来物种在澳大利亚一般都没有天敌，而且这里的土地养分充足，有机质含量也很高，有着天然的环境优势。后来，经过长达 20 多年的研究和育种，终于在澳大利亚种植出了松露。

不过当真正种植出松露时，却有点名不正言不顺。众所周知，澳大利亚对外来物种的控制非常严格，所以在当时，只能跟澳大利亚农业部宣称，是偶然发现了松露，并非从外地带进来的。引用故事里的说法就是“下雨路滑，不小心一脚踢到地里，于是发现了松露”。不过澳大利亚人出于对这种食材的无比热爱，所以最后也就睁一只眼，闭一只眼，任其发展了。2007 年，澳洲人工种植松露的总量已经达到 2 吨。

也正是因为如此，在澳大利亚，松露从零起步发展而来，大家对于它的研究和保护更加专业化、系统化。而且澳大利亚人工种植的松露就是 Tuber Melanosporum，百分百的纯度。不过这种情况也只是持续到 4 年前，因为在澳大利亚也发现了另外两种松露。

1.4 全球松露月历表

松露虽然时令性很强，但是现在要想一年四季都吃到鲜松露也不是不可能。就全球范围来看，松露的产地分布于南北半球，不同产地不同品种的松露成长成熟期也不同，加上人工种植松露的出产，在某种程度上打破了季节的限制，让大家在一年的各个季节都能吃到松露的鲜品。

全球松露月历表

时间	产区	类别
11 月到第二年 3 月底	中国云南	黑松露
11 月到第二年 3 月	法国	黑松露
5 月到 9 月	澳洲	黑松露
9 月到 12 月	中国东北地区	黑松露
10 月到 12 月	欧洲	白松露

第二章

松露的种类

引 言

2009年，我在澳大利亚的超市第一次遇到松露加工品，有松露美乃滋、松露蒜味蛋黄酱等产品，瓶瓶罐罐的就摆放在松露鲜品的旁边。记得当时，品尝完之后我有些震惊，原来松露蒜味蛋黄酱这么好吃，尤其是搭配薯条，简直是绝配。而且最关键的是，这种酱料一年四季都有，并且价格合适，随时想吃都有，这简直太美妙了。

从松露加工品的亲民价格到松露拍卖会上的奇货天价。在松露这个行业工作了几年之后，我最深刻的感触就是在澳大利亚学习种植松露是一回事，2015年回国转入松露行业进行实操又是另一回事。好像一个走出象牙塔的学生，终于接受社会大染缸的洗礼。曾经有一位在这个行业工作了30多年的前辈对我说："这个行业里到处都是骗子和恶棍。"也许是句玩笑话，但也从侧面反映出这个行业中不为人知的秘密。

村上龙在《孤独美食家》中关于松露有这样一段描写："松露才是任何艺术方式都遥不可及的完美媒介，不仅独立，还可以不断创造饥饿感、恐惧和至福。"对于从来没吃过松露的人来说，无法对其产生任何共鸣。所以还是要让大家吃得起，才能真正去谈文化，而这也是市场给我们上的课。

喧嚣热闹的松露拍卖、田园悠闲的松露集市、大厨烹饪的美味佳肴，在这些看上去很美的表象之后，深入内里，又会是另一番景象，就好像松露去除外表皮之后显露出来的纹路一般，曲折而复杂，难以捉摸。而我们所说的“灵魂三问”，便是解开其中谜团的钥匙，虽然无法窥其全貌，但是至少能拨开些许迷雾。所以，在了解了松露是什么，来自哪里之后，接下来我们来谈谈松露的分类和种类。

2.1 松露的黑与白

一提到给松露分类，大家最熟悉的就是黑松露和白松露了。所见即所得，松露外表皮色彩的区分最为直观。其实除了颜色不同之外，黑松露和白松露还有其他不尽相同的地方，并且遵循一定的规律。

成熟期

白松露的成熟期是在每年的 10 月到 12 月，这里主要指的是欧洲的白松露；而黑松露的成熟期跨越大半年，冬季黑松露是从每年 11 月到次年 3 月，夏松露的成熟期是每年 5 月到 9 月。其实按照这个时间来计算，基本一年四季都可以吃到松露鲜品。

外表皮

黑松露的外表皮大多比较粗糙，崎岖不平，颜色介于深棕色和黑色之间，纹理呈现浅黑色和灰色。白松露的外表皮相对光滑，呈现淡淡的褐色和棕色，带有褐色或者奶白色的斑块。

香气

谈到松露，必然要提到香气，这可以称作是松露最大的卖点。松露的香气是如此复杂而神秘，激发出丰富多彩的情感，或是对它着迷不已，或是对它避之不及。有人谓之香，有人称其臭。

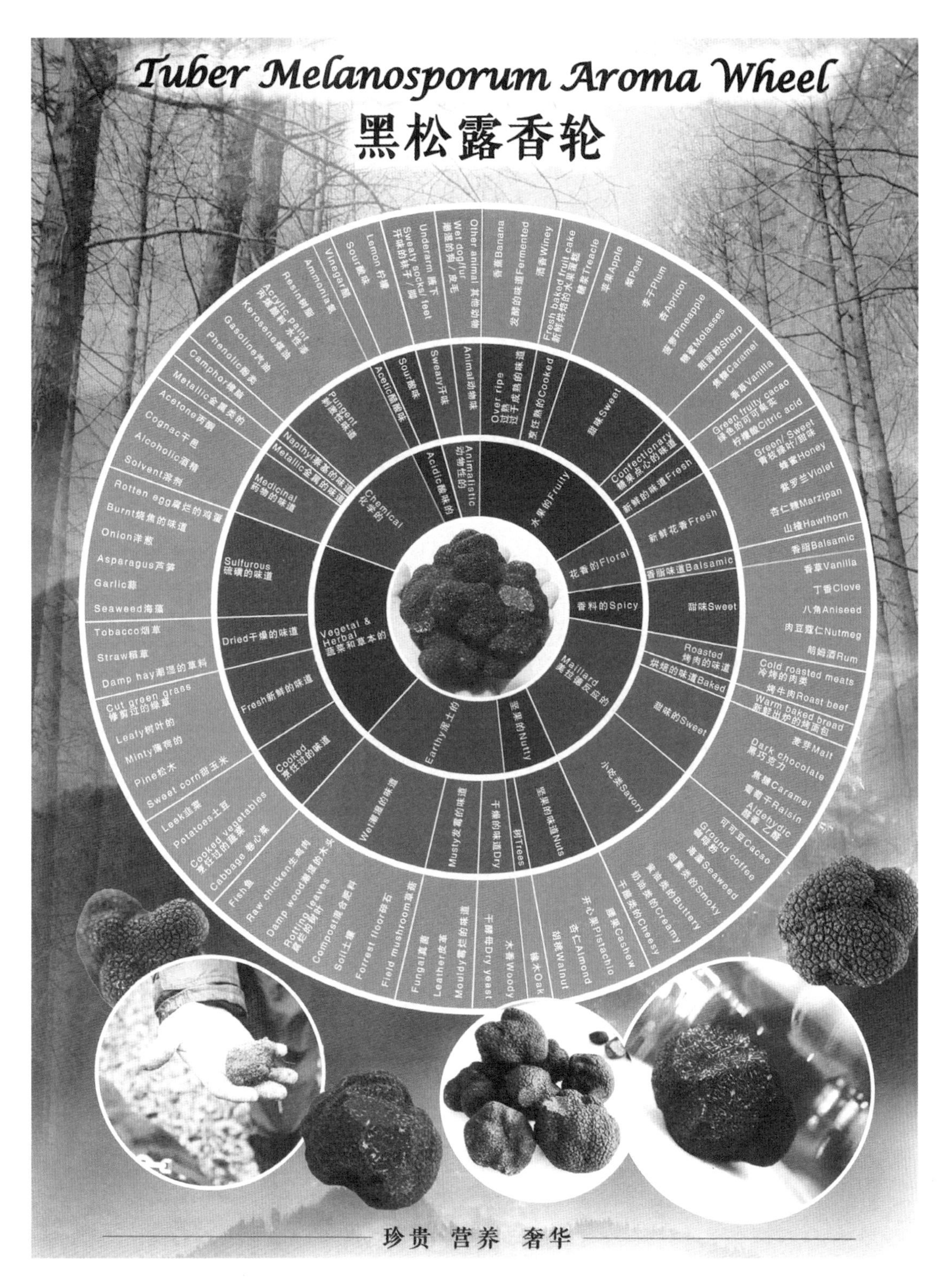

Tuber Melanosporum Aroma Wheel
黑松露香轮
水果的Fruity
花香的Floral
香料的Spicy
Maillard 美拉德反应的
坚果的Nutty
Earthy泥土的
Vegetal & Herbal 蔬菜和草本的
Chemical 化学的
Acidic酸味的
Animalistic 动物性的
甜味Sweet
烹饪熟的Cooked
Over ripe 过熟 过于成熟的味道
Animal动物味
Sweaty汗味
Sour酸味
Acetic醋酸味
Pungent 刺激性味道
Napthyl萘基的味道
Metallic金属的味道
Medicinal 药物的味道
Sulfurous 硫磺的味道
Dried干燥的味道
Fresh新鲜的味道
Cooked 烹饪过的味道
Wet潮湿的味道
Musty发霉的味道
干燥的味道Dry
树Trees
坚果的味道Nuts
小吃类Savory
甜味的Sweet
烘焙的味道Baked
Roasted 烤肉的味道
甜味Sweet
香脂味道Balsamic
新鲜花香Fresh
新鲜的味道Fresh
Confectionary 糖果点心的味道
苹果Apple
梨Pear
李子Plum
杏Apricot
菠萝Pineapple
糖蜜Molasses
粗面粉Sharp
焦糖Caramel
香草Vanilla
Green fruity cacao 绿色的可可果实
柠檬酸Citric acid
Green/ Sweet 青枝绿叶/甜味
蜂蜜Honey
紫罗兰Violet
杏仁糖Marzipan
山楂Hawthorn
香脂Balsamic
香草Vanilla
丁香Clove
八角Aniseed
肉豆蔻仁Nutmeg
朗姆酒Rum
Cold roasted meats 冷烤的肉类
烤牛肉Roast beef
Warm baked bread 新鲜出炉的烤面包
麦芽Malt
Dark chocolate 黑巧克力
焦糖Caramel
葡萄干Raisin
Aldehydic 醛香 乙醛
可可豆Cacao
Ground coffee 咖啡粉
海藻Seaweed
烟熏类的Smoky
黄油类的Buttery
奶油类的Creamy
干酪类的Cheesy
腰果Cashew
开心果Pistachio
杏仁Almond
胡桃Walnut
橡木Oak
木香Woody
干酵母Dry yeast
Mouldy霉烂的味道
Leather皮革
Fungal真菌
Field mushroom蘑菇
Forrest floor碎石
Soil土壤
Compost混合肥料
Rotting leaves 腐烂的树叶
Damp wood潮湿的木头
Raw chicken生鸡肉
Fish鱼
Cabbage 卷心菜
Cooked vegetables 烹饪过的蔬菜
Potatoes土豆
Leek韭葱
Sweet corn甜玉米
Pine松木
Minty薄荷的
Leafy树叶的
Cut green grass 修剪过的绿草
Damp hay潮湿的草料
Straw稻草
Tobacco烟草
Seaweed海藻
Garlic蒜
Asparagus芦笋
Onion洋葱
Burnt烧焦的味道
Rotten egg腐烂的鸡蛋
Solvent溶剂
Alcoholic酒精
Cognac干邑
Acetone丙酮
Metallic金属类的
Camphor樟脑
Phenolic酚类
Gasoline汽油
Kerosene煤油
Acrylic paint 丙烯颜料 水性漆
Resin树脂
Ammonia氨
Vinegar醋
Sour酸味
Lemon 柠檬
Underarm 腋下
Sweaty socks/ feet 汗湿的袜子/脚
Wet dog/fur 潮湿的狗/皮毛
Other animal 其他动物
香蕉Banana
发酵的味道Fermented
酒香Winey
Fresh baked fruit cake 新鲜烘焙的水果蛋糕
糖浆Treacle
珍贵 营养 奢华

黑松露香轮图

那么松露的复杂香气究竟来自哪里？离开浪漫的想象世界，回归现实中的科技理论，听起来可能没那么有趣。松露的香气来自于酯类、醇类、酮类、醛类、萜类和挥发性酚类物质等，这些物质主要由脂肪酸、氨基酸和次生代谢产生。来自松露本身，也来自松露共生的树种。

黑松露伴生的树种比如圣栎、橡树、榛子树等等，多为结果实的树种，在伴生互哺的过程中，代谢产物相对丰富，也因此带给黑松露复杂的香气。人们用来描述黑松露香气的词语五花八门，大蒜、泥土、蜂蜜、腐烂的树叶、皮革、樟脑、汗味……还有花香、果香、坚果的气息、泥土的味道、草本的气息、化学的气味等等，其复杂程度，已经超过了葡萄酒的香味描述。

白松露伴生的树种主要有白杨、栎树等等，这些树种一般少结果实或者不结果实，所以带来的结果就是白松露的香气相对简单。大家常见的对于白松露香气的描述是这样的，“介于大蒜和最好的帕尔玛干酪之间”的气味，或者用意大利“白松露之王”——米其林星级大厨 Umberto Bombana 的话来形容就是：“带着令人沉醉的香气和奢华的风味。”

松露的香气复杂多样，受到很多客观因素的影响，所以我们在对它的香味、香型进行比较时，需要有一个绝对值的限定，那就是在同一棵树下，同样成熟度的松露，香气是一样的。

人工种植

19世纪末，意大利的Giuseppe Gibelli教授在都灵发现松露的菌根之后开始研究松露的栽培，如今百余年过去，人工种植松露在世界不少地方都已经实现。尤其是现在，人工种植的黑松露比野生黑松露更加稳定、品质更好，而且更可控，因此受到人们的认可，得到广泛的应用。

反观白松露，虽然Tuber Borchii这一品种在世界不少地方都种植成功，甚至实现规模化种植，种植成功率也比黑松露要高，但却一直受到冷落，没有被大家广泛接受。都是人工种植的松露，却是两种不同的命运，不知为何。

烹饪应用

松露在烹饪上的应用可以追溯到千年之前，最古老的松露食谱来自欧洲最早的食谱。公元1世纪古罗马美食家阿比西斯（Marcus Gavius Apicious）在他的《厨艺》一书中记录了松露的烹饪方法。

白松露香味浓郁，独一无二，一般都直接刨片生食搭配意大利面、意大利烩饭，白松露与鸡蛋一起烹制都是经典做法，合适的温度可以将白松露片的香味激发出来。黑松露的香味更加复杂，极具风味，一般也是起锅前放入，比较适合搭配肉类。在我们国家的云南地区，当地人习惯将松露与肉类一起辣炒，只是这种做法仅仅实现了松露作为菌类的价值，香气几乎完全破坏殆尽。

2.2 松露的 DNA 分类

掌握以上说到的黑白松露的区别对于普通食客来说已经足够，但是从更加专业的角度来说，松露这种天然真菌更为准确的分类应该是基于孢子和分子生物学的科学分析，从 DNA 的角度进行划分。虽然是比较复杂的行业术语，但是更加准确。其实在欧洲，如果你有机会跟米其林餐厅的大厨讨论松露，大家并不只是单纯从黑白色彩的角度去谈论，而是会说到具体的分类，从而对香型、香气、品种进行更加准确的区分。

从植物学的角度来说，黑白松露都属于盘菌纲盘菌目西洋松露科西洋松露属，但是依据菌块的外形、大小、色彩、纹路、菌髓、气味、味道、DNA 等，还包括更为详尽的种类区分。目前世界上已经发现的松露种类有将近 100 种，但是主要流通的，具有商业价值的种类并不多，主要品种如下：

Tuber Melanosporum，第一眼看过去，你可能不太熟悉这个有点拗口的称呼，但是提到Perigord佩里戈尔黑松露，那绝对是如雷贯耳的。这就是目前世界上最有名、最昂贵的黑松露，被称为“佩里戈尔黑钻”，它是法国人的骄傲。准确来说，Tuber Melanosporum就是佩里戈尔黑松露，不过它可不只是在法国出现。

Tuber Melanosporum 的成熟期在北半球是每年 11 月底、12 月到次年 3 月，在南半球是每年 6 月到 8 月。这种黑松露的生长环境需要排水良好，需要通风的石灰质土壤，孔隙率高，富含钙和碱性。全年降雨应分布均匀，但 7 月到 8 月夏季必须有丰富的雨水。它伴生的树木有橡树、榛子树、松树、栎树等等。成熟期的 Tuber Melanosporum 黑松露带有森林泥土、湿土、烤制果实的香味，是目前发现的所有黑松露中品质最好的品种。

Tuber Brumale，也被称为麝香松露（Truffe Musquée），成熟期为每年 12 月底到次年 3 月初，与 Tuber Melanosporum 几乎是同期生长。这种松露的内部呈深灰色，但是香味和味道都不如佩里戈尔松露，它常在钙质较小的土壤和相对潮湿的地方生长。

Tuber Brumale 向来不招松露种植者的喜欢，因为它很容易与 Tuber Melanosporum 混合。如果 Tuber Melanosporum 育种没有做好，就很容易出现 Tuber Brumale 等杂菌，从而影响 Tuber Melanosporum 的生长状况和经济价值。这种问题已经在澳洲的塔斯马尼亚以及新西兰的松露园区出现，墨尔本也受到轻微的影响。甚至在中国的云南省，也发现过这种松露的踪迹。

Tuber Aestivum 是大家熟知的夏松露，它的成熟期为每年的 5 月到 8 月，外形与 Tuber Melanosporum 相似，但是体形更大，质地更硬。夏松露生长在较为黏性的土壤中，需要相对充足的阳光，常与橡树、山毛榉、榛子树、松树等树种伴生。这种黑松露的气味令人愉悦，有点像烤麦芽，口味比较温和。

近几年来，夏松露的产量实在是高得出乎人的意料。在不少产区，夏松露甚至能够达到一天一吨的产量，这在以前是无法想象的，所以大家在市场上经常会看到夏松露鲜品和相关加工品。产量如此之高，其中一个原因非常令人意外，对于松露这种“任性”的菌类，它既有非常多的不确定性，同时也会给你带来无心插柳柳成荫的惊喜。很多欧

洲国家经过第一次世界大战和第二次世界大战后，开始大面积重新植树造林，种植的树木以橡树为主，用于制作家具、橡木酒桶等等。不想多年之后，人们在橡木的林地里发现了松露，这就是当年的无心之举带来的意外惊喜吧。

Tuber Mesentericum 与夏松露很像，但是两者是不同的种类。它的气味也与夏松露不同，这种松露不是很受欢迎，因为气味令人不悦，口味也有些微苦，会让人想到苦杏仁。Tuber Mesentericum 的成熟期是从每年 9 月到次年 1 月，伴生的树种主要有橡树、松树等。

Tuber Uncinatum 也被称为勃艮第松露（Truffle Burgundy），成熟期为每年 10 月到次年 1 月。外观与夏松露相似，喜欢在阴凉的地方生长，与橡树、山毛榉、榛子树、松树等伴生。勃艮第松露在未成熟时，

内部较硬，呈白色。在成熟之后，内部颜色比夏松露更深，呈大理石纹路，气味中等浓郁。这种松露主要生长在法国勃艮第地区，也见于香槟产区等，所以也被称为勃艮第松露。

Tuber Aestivum 与 Tuber Uncinatum 两者在外形上几乎没什么区别，也都是欧洲主要流通的松露品种。但是因为周围生态的因素和孢子形态的差异，造成了两者在味道和气味上有所不同。Tuber Uncinatum 比 Tuber Aestivum 的气味更加强烈，口感上略带坚果味。

Tuber Macrosporum，这种黑松露的特别之处在于表面看起来几乎是光滑的，因为被人们称为“光滑的黑松露”。它生长于黏土土壤中，成熟期从每年 10 月到次年 1 月，与杨树、橡树、榛子树伴生。味道浓郁，有着大蒜的味道。

Tuber Indicum 被称为印度块菌，又被叫作中国松露，因为它的主要产地在中国，大多数这种松露来自云南省和四川省。在高原季风气候下，它们与生长在海拔 2000 米到 2500 米之间的松树伴生，成熟期从 11 月到次年 3 月。从中国的历史上来说，这种松露的产量一直很高，但是国际市场的认可度却一直很低，价格相对低廉，因而大量出口到欧洲市场。

在这些松露品种中，最容易混淆的是 Brumale、Melanosporum、Indicum 这三种，但是有经验的业内人士也能分辨出来。由此也涉及松露行业另一个公开的秘密——松露的配比。如果将 Melanosporum 和 Indicum 按照合适的比例进行配比做成加工品，依旧能保持 Melanosporum 的香型、香气，不会有影响。

白松露主要流通的品种比较少，一种是 Tuber Magnatum Pico，也就是广为人知的意大利阿尔巴白松露。另一种是 Tuber Borchii，这是一种灰白色的松露，常见于意大利南部。

Tuber Magnatum Pico 生长于冲积平原的森林中，需要排水良好的土壤，且富有钙质，土壤里石头比较少。它所生长的阴暗树林中，温度波动不是很大，受到短暂的干燥微气候影响，也不会出现如同黑松露一样的“怪圈”现象。每年 7 月和 8 月的降雨对于 Tuber Magnatum Pico 的生长至关重要，它的成熟期从每年 9 月到 11 月，伴生的树种为杨树、橡树、榛子树，这种松露到目前为止还没有实现人工种植。

Tuber Magnatum Pico 是世界上最昂贵的松露，大家熟知的意大利阿尔巴白松露就是这个品种，它的价格可以高达每公斤 3000 欧元以上。如今在克罗地亚、斯洛文尼亚、匈牙利也有少量发现这种白松露。它的气味正如大家的描述“散发着奶酪和大蒜的复杂香味”，风味浓郁宜人，香气令人沉迷。

Mr. Truffle

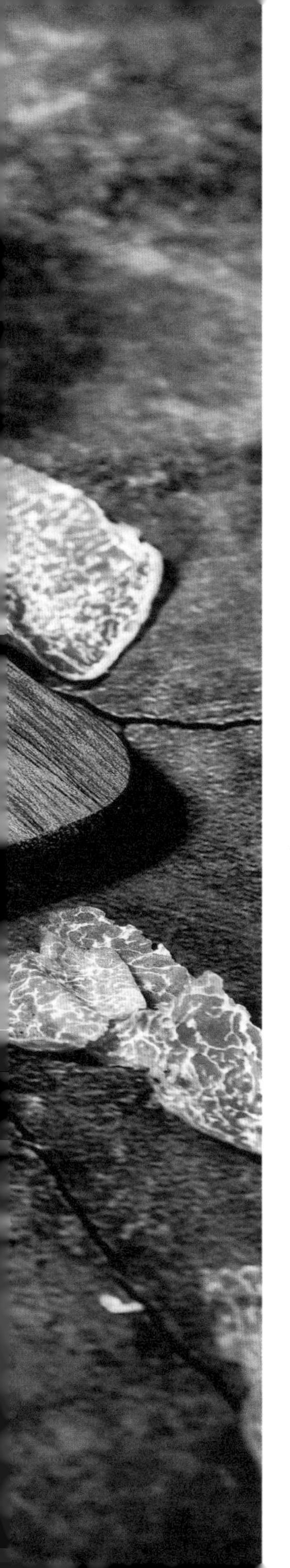

Tuber Borchii 其实是一种灰白色的松露，适宜在多种类型的土壤中种植，最喜欢的还是排水良好的砂质土壤。最开始呈现灰白色，成熟后呈现米黄色。Tuber Borchii 成熟期为每年 1 月到 4 月下旬，带有大蒜的浓郁气味。

总体说来，松露分类的实质不在于表皮的颜色，黑色和白色只是表象。在真正定义它的种类时，从植物学的角度进行区分才更加准确。不同品种有着不同的香气、香型、重量、形状，所以对于专业大厨来说，只有了解松露的植物学分类才能更好地利用松露的香气和口感，而对于普通食客来说想一直吃到自己真正喜欢的那一款，光记得颜色还是不够的。而对于做松露生意的人而言，大家其实更关注的是哪些种类的松露可以实现大规模产出，具有商业价值，能够在市场上流通。

2.3 人工种植松露

野生松露的产出基本都是靠天吃饭，完全不可控。而且从目前全球气候变暖和天气剧烈变化的情况来看，野生松露的生长受到了严重的影响。2018 年 11 月，苏格拉的斯特林大学（University of Stirling）曾在 Science of the Total Environment 发表过一篇文章，其中提出“我们的研究表明，在可能的天气变化情况下，欧洲松露产量在 2071 年到 2100 年之间将锐减 78% 到 100%”。如果再考虑到其他天气状况，比如火灾、干旱、病虫害等，这个日期只会提前。

但是市场的需求如此之大，这更激发了人们人工种植松露的热情，从 19 世纪到现在，我们在种植松露的路上遇到重重困难，直到近半个世纪才收获成果。法国其实在第一次世界大战之前就开始了人工种植黑松露，但是因为第二次世界大战的原因，松露产地都被破坏，整个松露的种植都转移到了西班牙，而在南半球，澳大利亚是最早人工成功种植出黑松露的国家。

松露人工种植其实不算是传统意义上的人工栽培，因为松露需要与其他树木共生才能生长，所以首先要经过数百次组合试验、数千个组合的对比筛选，培育出感染率高、生长势头好的组合及其菌根苗，再对无菌树苗进行人工接种感染，然后将感染好的树苗移植到野外种植。种植前要对种植基地的土壤和水分进行检测分析，了解pH值，并进行适当调整。接下来的工作就是细心照料，拔草、修建、防虫、自然生长等精细化的管理。

只有当菌丝成功附着到共生树种的根系上，才有较高的成功率，才能尽快形成菌块实体。一次菌种感染需要2—3年的时间，等到菌块生长成为成熟的松露，这中间差不多要经过7年的时间。而且在这期间，任何细小的变化都会影响松露的产量，稍不注意就有可能带来颗粒无收的后果。这还不算是最惨的，关键是我们到现在仍旧无法得知到底是什么原因造成这种颗粒无收的结局。只能以高度精细化的种植管理去悉心呵护，所以这样的实验一般都试不起，因为这期间时间、人力、物力的投入成本实在太高了。

我的老师，南半球种植黑松露第一人 Blakers 先生，很早之前就在自家田地里搞实验，一边种植马铃薯，一边研究松露种植，到 2007 年实现真正稳定量产，也耗费了将近 20 年的时间。由此可见，野生松露可遇不可求，人工松露种植成本高昂，这都是松露价格居高不下的原因。

在澳大利亚，一直是人工种植松露，所以它的标准化程度比一些传统的松露出产国如法国、意大利等更高，同时松露种类、品质、产地信息也更为清晰。严格来说，法国松露并没有标准，遵循着延续下来的传统与认知，在松露的类别上也是泛指某一类，很多时候松露来源信息并不是很清晰。相比较来说，澳洲人工种植松露的质量和数量都很稳定，而且在餐饮领域已经得到了证明，澳洲人工种植的黑松露已经受到国际市场的认可。

从世界范围来看，近些年来，实现人工种植黑松露的国家主要有澳大利亚、新西兰、西班牙等等。2017年，英国剑桥大学和菌根系统有限公司（MSL）的科研人员证实，Tuber Melanosporum黑松露首次在英国南威尔士蒙茅斯郡栽培成功，这也是迄今发现的这种松露生长的最北地点。到了2018年，英国的人工松露种植产量已达几百公斤，同时南半球的南非、智利、阿根廷等国家也成为人工种植松露的新增长点。

虽然目前还没有准确的数据统计，但是根据报道，全球松露总的年产量已经达到约400吨，夏松露在整个产量中贡献不小，这个数量也基本可以满足当下少数人群的需求。毕竟松露是一个“调香剂”，大家不把它当饭来吃，也不是主食，更不是烹饪必需品。但是要普及这种美味，让更多的人都品尝到松露的味道，依旧道路漫长。而在当下，最为合适的解决方法就是将它制作成酱料，或者调味品，当它作为松露加工品的时候，价格才不会那么高昂，才有可能实现大规模推广。

2.4 给昂贵一个理由

在此，我们将要回答“灵魂三问”的第二个问题。如此众多品种的松露，我们如何判定质量，如何进行分级，而这些分级也决定了松露的价格。

松露鲜品价值的判定，要从两个方面来说。首先是松露的品种、香气、色泽、重量、形状等等都是影响鲜松露价格的主要因素。其次，切口越小，外形越完整，断面纹路越均匀，重量越大，香味越纯粹的松露，价格越高。

虽然世界各国都有自己的标准，而且在大家的普遍认知中，松露越大越好，然而实际上，松露的品质与重量的关系更为密切，不过目前世界上，除了澳洲和中国以重量来分级，大都还是习惯按照大小进行判定。

量好松露的尺寸算是个技术活，对于这种长相不算规则的真菌，要怎么量才算准确？哪里才是标准直径？如何去找到最准确的衡量位置？这些都是没有明确说明的问题。所以相对大小尺寸而言，重量更加准确，另外切口的大小也影响松露的价值。

在云南，不同于一般人用大概的直径厘米来划分等级，我们将精准的克重作为确定松露品级定级的重要指标之一。一般分为几档，分别是 20 克以下、20—40 克、40

克以上，切口分为 1 厘米、3 厘米不等，另外还需要确定松露是否在完美成熟期状态。从某种程度来说，这种品级区分其实有点吃亏，但这是更加科学的标准。

我们制定的松露等级区分标准：

白松露

Extra Class（特级）：100 克以上

First Class（一级）：20—100 克

Second Class（二级）：10—20 克

Pieces（普通）：10 克以下

黑松露

Superior Class（特优）：100 克以上，无大切口[①]

Extra Class（特级）：100 克以上，有大切口

First Class（一级）：40—100 克，无大切口

Second Class（二级）：40—100 克，有大切口

Small Pieces（小料）：20—40 克

Pieces（普通）：20 克以下

---

① 大切口：切口为 1 厘米。

松露行业是一个历史悠久、发展相对缓慢的行业，从 17 世纪起，法国就已经开始进口松露。300 多年后，这一行业发展到现在，全球范围内做松露新品的地区经销商、贸易商，数量也不超过百家。它自成体系，等级分明，长久以来形成的规则很难打破。用一句流行的话来描述，“这一行的水很深”。

法国人主宰着黑松露领域的“晴雨”，意大利人则从白松露上找到了突破。可能大家都弄不清楚到底是从什么时候开始关注意大利阿尔巴白松露国际拍卖会的。有人说这个拍卖会有 200 年到 300 年的历史，在我看来这有可能是杜撰。关于这个拍卖会，有一个人不能不提，那就是在前文中提到的意大利“白松露大师”Umberto Bombana 先生，他也是唯一一位在亚洲开设餐厅并获得米其林三星的意大利厨师。

30 多年前，Umberto Bombana 先生将意大利阿尔巴白松露带到了香港。当时的香港，可谓世界富商巨贾的聚集地，在这座有着“美食天堂”之称的城市里，如此稀有神秘而又香

气迷人的白松露很快成了大家追捧的对象，并且逐渐形成了一种风潮。从那时起，白松露才算是真正走出欧洲，走向全球。Bombana 先生不仅成为业内公认的“白松露之王”，而且在 2018 年 9 月底，还被意大利国家政府授予“骑士勋章”，表彰他为意大利美食文化的传播作出的卓越贡献。

也就是从那时起，中国人开始知道了意大利的阿尔巴白松露国际拍卖会，并且近些年来中国买家频频登场，成为拍卖会的主角。2015年11月8日，在第16届意大利阿尔巴白松露国际拍卖会上，11块白松露拍品共拍出28.75万欧元（约合196万元人民币），其中最大的两块白松露分别被来自中国香港和北京的买家收入囊中。在第17届拍卖会上，两块总共重达1170克的白松露以100500欧元被中国中餐厨师领军人物、中国意境菜创始人董振祥先生拍得。2017年香港买家花费75000欧元拍下850克重的意大利阿尔巴白松露；2018年11月12日，又一块850克的意大利阿尔巴白松露以85000欧元拍出，高出市场价格近30倍，而买家依旧来自中国香港。

此时此刻，松露已经不再只是餐桌里的食材，它成了一种身份和地位的象征，被赋予了社交属性。大家消费的不仅仅是这种食材，更多的时候是在消费“松露”这个名词，它成了一种“社交食物”。我们也可以理解为意大利和法国为阿尔巴白松露和佩里戈尔黑松露做了非常成功的品牌和市场推广，从而赋予了 Tuber Melanosporum 和 Tuber Magnatum Pico 更多的品牌价值，它们就像奢侈品的时装、鞋包一样，受到大家的追捧，品牌成了价格的组成部分。

在欧洲，黑松露卖到餐厅的价格平均是 1 美元 1 克，在零售市场则是 3 美元 1 克。而收购价格一般只有松露业内人士才知道，也就是松露贸易商从松露产地购买的价格。这个价格与零售价格不同，它反映了该产区松露的市场地位和国际认可程度。所以我们看到的松露价格，不仅仅有它的实际收购价格，还有品牌价格，前者作为功能价值体现了松露真正的品质，后者则是加入了情感价值、品牌效益等，才让松露的价格如此高昂。

2.5 松露加工品

如今，虽然大家身边知道松露的人不少，但是算起来全球可能只有百分之一的人体验过松露的味道。而我一直都在努力做的，就是希望让全球百分之二的人有机会品尝松露。当目前社会的消费能力很难改变时，如果松露的价格不做改变，永远只有少数人消费得起，这意味着这个数字将无法突破。所以就目前而言，松露加工品是最佳选择之一。

松露加工品的出现并非偶然，主要原因有如下几点：首先松露鲜品的数量有限、不易保存，大家对它的烹饪方法也不甚熟悉；其次松露产季短，需要有长年稳定供应的香味、香型才能支撑整个产业；最后松露本身就是一种不稳定的菌类，需要有一些稳定的替代品。

松露加工品最早出现在意大利，但却是法国人让其发扬光大，法国人从来都不排斥鲜品和加工品一起食用，对两者的接受度都很高。

而且，无论是黑松露鲜品还是松露加工品，法国人在历史上一直拥有话语权。正如大家所知，在世界范围内，法国在芳香剂提取的研发上一直处于领先位置，看看那些知名的香水品牌就知道了，而松露加工品的核心归根结底也是在于如何最大限度地保留松露的香气。

曾经有消息爆出来，意大利的松露加工品最早用的是云南松露，也就是我们说的 Tuber Indicum。法国人也会用云南松露，也会用人工种植的松露，不过他们会在松露加工品的背标上注明使用松露的品种，而意大利则没有这个硬性要求，只是有些生产商会这么做。

不过现在，随着夏松露（Tuber Aestivum）这个品种近几年的大量发现和量产，它的价格降低不少，每公斤价格低至 50 欧元。而且夏松露的稳定量产，让它成为松露加工品原料的“新宠”，同时鲜品也在卖。意大利也有夏松露，不过在名称和产地上都不够明确，所以大家统一泛指其为意大利夏松露。当然意大利人也为自己的夏松露而骄傲，觉得它足以和澳洲的 Tuber Melanosporum 不相上下。

世界上松露加工品种类不少，松露油、松露盐、松露酱、松露黄油、松露鹅肝酱、松露奶酪奶油、松露香精，甚至松露米等等。虽然它们与鲜品不可等同，但是松露加工品价格更亲民、保存期较长，也更易于烹饪。而且与松露鲜品扑朔迷离的价格相比，松露加工品的标准相对而言比较明晰，大家遵循国际统一标准。

松露油

说到底，松露油其实一点都不复杂，就是将松露片浸泡在油中，因为松露的许多成分都是挥发性、脂溶性的。将洗净后的松露浸泡于橄榄油中，松露特有的香气成分会被慢慢萃取、融入油中。松露片既可以是昂贵的 Tuber Melanosporum、Tuber Maganatum Pico，也可以是其他松露品种。油既可以是高端的特级初榨橄榄油，也可以葵花籽油，搭配组合灵活多变。烹饪的时候，建议不要高温操作，否则松露的香气也就没了。

松露黄油

松露黄油应该是最为常见的松露加工品，国内很多高端西餐厅用它来搭配餐前面包，当然也可以广泛用于烹饪中。

松露酱

松露酱的保存时间较长，开瓶后至少可以保持一周。市场上既有纯松露酱，也有用松露和其他食材一起制作的松露酱，比如松露美乃滋、松露蛋黄酱、松露鹅肝酱等等，风味浓郁，各有不同。

松露盐

松露盐一般采用灰盐，含水量高，且富含矿物质。与松露混合之后，密封放置一段时间，开盖就能闻到浓浓的松露味，香味被盐完全吸收。即便是简单的炒鸡蛋、意大利面、马铃薯泥，随意撒点松露盐，立刻变得不一样了。

松露醋

松露醋主要以意大利香醋和葡萄酒醋为主

要原料，加入松露浸泡制作而成。

相对于比较成熟的欧洲市场，中国市场出现松露加工品大约晚了几十年，不过这也意味着中国的松露加工品市场至少还有10年的成长期。2017年12月，在宁波自贸区，第一瓶松露酱以完全合法的身份进入中国。它的到来为中国的松露市场以及餐饮市场带来了深远的影响。

这几年，我在云南的工作除了努力提高中国松露鲜品在世界上的地位之外，另一个工作就是把松露产品在中餐领域的应用和风气带出来，推广鲜品、深加工品与中餐搭配，让中国的消费者们都有机会品尝到松露。

在云南，松露加工品生产成本有优势，因为中国本地产的松露即可满足加工品原料所需，品质很好，无需进口。所以在深耕松露加工品领域，不是推行某种加工品的标准，而是将松露与中餐结合。目前在中国一线城市里，松露调味品与中餐的结合正在进行中。或许这样说起来有些抽象，不过想想这几年吃过的松露虾饺、松露小笼包、松露炒虾球等等，你或许就能感觉到松露正在走进越来越多的人的生活。外国人虽然很了解松露，但是他们对中国的传统饮食却了解不多，所以松露与中餐结合的文化结合引导，是在中国推广松露加工品的关键所在。

第三章

你所不知道的云南松露

引言

2016年11月，在决定跳入松露行业这个“大坑”之前，我在云南省政府相关人员的陪同下对云南当地的松露进行实地调研。我们一路开车从昆明、大理周边到丽江、维西、滇西、滇西北。三天三夜的时间里，我们把一路所遇到的菜市场、小市场，甚至小批发店全部筛了一遍，从老乡的麻袋里、冰箱里、冷柜里，一通搜罗和挑选，最终带回来了一罐松露。

当时是在公司的办公室，也没什么做菜的条件，只能用大家仅存的方便面复刻了简易版的松露方便面。这自然是没有Tetsuya的那一道松露菜式的高大上，但是就这一道散装松露鸡蛋面却真正让我备受启发。方便面的味道虽然挺浓，不过撒上松露片之后，所有在场的人都立刻闻到了一种明显的香气，其中有人甚至是第一次意识到“松露是香的”，不少人居然发出了“松露有这样的香气”的感叹。

回想起我们这几天跟老乡们聊天，大家很感慨：“二三十年前，这里的松露很香，如今很难见到了。”松露的香气原来只是存在于老辈人的记忆中，而对于我的同龄人们来说，松露还真是一个熟悉而又陌生的东西。

就是在这样的情况下，我也不知道哪里来的勇气和信心，义无反顾地投入到松露事业中。最开始时，也是胸有成竹地要干出一番事业，曾雄心壮志地计划在云南种植松露，因为自己老师的关系以及澳洲人工种植松露的成功历史经验，让我觉得有可能将其复制到云南。当时是计划从澳大利亚引进单一菌种到云南，再以标准化、科学化的方式管理，做好在云南的产区维护。

费尽心力做了各种准备，橡树苗的人工接种感染也已经成功，但是计划很美好，现实很骨感。期间经历种种曲折，最后还是功亏一篑。因为各种原因，这条路没有在云南走通。但是如今的情况，让我也看到了云南松露走出去的希望。希望云南松露有一天能跟世界其他松露一起公平竞争，真正被认可。虽然前路漫长，但这就是我所有的坚持。

3.1 栉松风，沐晨露

放眼国际松露市场，在过去的30年里，可以说一句如果没有云南松露，世界的松露版图或许完全不是今天这样。作为世界上松露和菌类产量最高的国家，中国的块菌种类超过40种，其中包括12个白色块菌种类。注意这里是说的块菌，不是单指松露。但是在中国，这种“栉松风，沐晨露”的真菌，产量也绝对不可小觑。

在全世界范围来说，如果以单国、单地区为标准的话，中国的松露世界出口量排名第一。据相关数据统计，中国黑松露的产量占全世界黑松露产量的80%以上，而云南黑松露产量则占整个中国黑松露产量的60%以上。2019年2月15日，云南当地农民从丽江永胜挖出的一棵重达1150克的黑松露，后将其捐赠给了云南的中国野生菌博物馆。

在松露市场，一个国家的松露产量是一个神秘的数字。过去是，现在依旧是，但是对于全球松露的搭配混合现象倒是有报道。2012年，美国一档电视节目《US 60 Minutes》曾报道过，中国云南黑松露（Tuber indicum）被用来配比混合法国的佩里戈尔黑松露（Tuber melanosporum）。其中分析显示，法国每年大约出产40吨佩里戈尔黑松露，而其中20多吨是通过从其他地方进口到法国，然后再与佩里戈尔黑松露配比混搭。

对于这些披露的消息，我也曾与一个在中国生活很久的法国人聊过这个问题。他在高端餐饮行业工作了十多年，算是了解内情。在谈到这个问题时，他就很直接地说，其实法国和意大利都从云南进口松露，法国按照1:3，意大利按照1:5的比例进行配比，然后再卖出。这好像是一种国际默认的通行方法。

虽然这种配比比例可能无法去做准确的验证，但是松露种类的掺配售卖如今已经是业内交易公开的秘密。在中国云南，我们卖松露鲜品也会进行配比，但是会明确告之大家这是单一品种或是哪几种的混合，在配比时做到它们在香气、香型上差别不大，至少做到让大家买得明白。

TUBER MELANOSPORUM VITT
TUBER BRUMALE
TUBER AESTIVUM VITT
TUBER INDICUM
TUBER BORCHII
TUBER MAGNATUM PICO

松露品种图

在中国，松露的学名是块菌。在这里我们还是叫它松露，它的主要产地是云南、四川、贵州等地，在中国的黑松露品种主要有 Tuber Indicum、Tuber Himalayensis 等，前者占绝大部分，如果看松露的 DNA 图谱，甚至能发现有以攀枝花命名的松露。

实际上，攀枝花市被称为“中国松露之乡”，以这座城市为中心，方圆 200 千米内都是中国松露的主要产区，每年 12 月这里还有专门的松露集市。东北和台湾虽然也有松露出产，但不具备商业规模。

云南作为中国松露的主产区，在昆明、楚雄、大理、丽江、维西、怒江沿路海拔 1600—3200 米的松林地带都有出产。有资料显示，云南近些年来出口的黑松露数量在 50 吨左右，而且价格相对低廉，主要出口国家包括英国、美国、法国、德国、日本等等，这些国家对松露的需求量很多，这还没算上记录之外走私的松露。

如此高的松露产量要归功于云南独特的气候条件。地处亚热带气候区域，云南的气候多样，使得这里的松露产区拥有全球每年时间最长的松露产季。独特的气候条件与高原地理条件结合在一起，让这里森林茂盛，植被种类繁多，为云南松露形成了面积广阔的自然产区。在云南，已经发现有 5 种具有经济价值的黑松露品种及 2 种白松露品种，也有专家说云南发现了 70 多种，但是其中究竟有多少能够达到规模化产出，具备商业化价值，目前还都是问号。

在云南，松露的历史可以追溯到很远。我们已经知道松露与树木共生，根据中科院昆明植物研究所的发现，欧洲地区块菌大多与榛子树、杨树等阔叶林共生，而在中国西南，松露更多的是和云杉、松树等针叶林共生。引用中科院研究员刘培贵的解释："从植物系统进化上来说，针叶林比阔叶林更为古老。因此，现在地中海地区的块菌分布中心，可能是古地中海向北漂移后形成的，而中国西南地区则是比欧洲更为古老的松露分布中心。"

中科院昆明植物研究所的研究同时也证实了云南的印度块菌，也就是 Tuber Indicum 与法国的 Tuber Melanosporum、Tuber Aestivum 其实是具有亲缘关系的“同胞姊妹”，而且在成熟期的 Tuber Indicum 的口感、香气以及所含的营养物质、品质也相当不错。只是因为各种复杂的原因，云南松露的国际地位和价格与法国松露完全不可相提并论。

云南发现的两种白松露为 Tuber latisporum 和 Tuber panzhihuanense，成熟期为每年 10 月至次年 1 月，两种松露目前产量很少。

Tuber latisporum 与 Tuber borchii 非常近似。这种白松露表皮呈现棕色，内部为黑色，表皮质地类似马铃薯。在成熟期，内里口感偏沙质，香气较淡。

Tuber panzhihuanense 形态体征上更接近于 Tuber magnatum，质地偏硬，口感较脆，水分充足。在完全成熟期，Tuber panzhihuanense 会散发出如同芒果、百香果等热带水果的甜香。还未成熟时，则味道比较刺激，类似生蒜。

3.2 传统与偏见下的云南松露

虽然云南松露的品质与国外一些知名黑松露品种的差别不大，但是在十多年前，云南松露的价格真是卑微到尘埃里，每公斤 30 元到 40 元就能买到。过去几年来，云南松露的平均收购价格为 472 元 / 公斤，现在云南松露的零售价格能达到约 1000 元 / 公斤，但这也比国际上同等品质松露的价格低很多。

下表是 2019 年世界主要松露的零售价格，大家可以感受一下：

2019 年世界主要松露价格（零售）

Truffle Species 松露种类	Common Name 俗称	Avg price per oz 每盎司均价（美元）	Avg price Per lb 每磅均价（美元）	Avg price per kg 每公斤均价（美元）
Tuber Mangnatum	Italian White Truffle 意大利白松露	217.57	3481.12	7658.46
Tuber Melanosporum	Winter Black Truffle 冬季黑松露	86.66	1386.56	3050.43
Tuber Uncinatum	Burgundy Black Truffle 勃艮第黑松露	42.07	673.12	1480.86
Tuber Aestivum	Summer Black Truffle 夏松露	22.55	373.76	822.27
Tuber Indicum	Chinese Black Truffle 中国黑松露	5.44	87.04	191.49

（source: truffle.farm, https://truffle.farm/truffle_prices.html）

每公斤1000元的价格相对于其他菌类来说，松露是昂贵的。当然这个价格也不是虚高，首先要肯定松露的营养价值，由“中国药用真菌研究之父”、世界著名真菌学家刘波教授指导，以中国菌物学会理事长、食用菌教育部工程研究中心主任李玉教授为首席科学家的研究小组对黑松露长时间的专项研究表明：“黑松露含有丰富的蛋白质、18种氨基酸（包括人体不能合成的8种必需氨基酸）、不饱和脂肪酸、多种维生素、锌、锰、铁、钙、磷、硒等必需微量元素，以及鞘脂类、脑苷脂、神经酰胺、三萜、雄性酮、腺苷、松露酸、甾醇、松露多糖、松露多肽等大量的代谢产物，具有极高的营养保健价值。”

其次，如果了解松露背后投入与产出的关系，这样的价格其实也是相对合理的。在世界范围来看，在历史发展的过程中松露总体来说还是属于富人阶层，多出现于他们的餐桌，距离普通老百姓的生活还是有点遥远。野生松露可遇不可求，收获如何完全看天，寻找过程也非常艰难。而且野生松露的自然生物量无法满足日益增长的需求，同时由于气候原因以及缺乏科学的管理，很多地方松露产量正在锐减，因此人们才纷纷开始种植松露。

人工种植松露从来都不是一件容易的事情。它就像是一场长达 7 年到 8 年的野外马拉松比赛，在这场漫长的比赛过程，每一米都不可以松懈，因为中途会遇到很多意外，所以必须一直保持着专注力，均匀分配体力才能抵达终点，而且即便到了松露收获的终点，你也很有可能拿不到任何奖项。从育种开始，菌种 DNA 筛查、培育、种植、生长，每一个细节都不能有闪失，极其高度的精细化管理，才有可能确保最后的收成。先不去看那些令人眼花缭乱的拍卖价格、零售价格，如果只是从采收价格来看，即便是目前的价格，就平均水平下的投入产出比而言，真正因为松露挣到大钱的人从来就不是松露猎人和松露种植者。

云南松露之所以卖不上好价，原因纷繁复杂，既有自身原因，也有其他原因，还有历史文化等诸多因素，而这些综合在一起，也导致了云南松露较低的国际认可度。

从历史文化的角度来说，一说吃菌子，大家就会想到云南，云南最不缺少的就是菌子，松茸、见手青、牛肝菌、干巴菌、鸡枞菌……当地人对各种野生菌如数家珍，当然每年因食用野生菌中毒死亡的人数也高居各类食物中毒之首。早在明代藩之恒编著的《广菌谱》中，就记录了云南有 119 种食用菌。如今，全世界可食用的菌类差不多 2000 多种，而在中国大约有 350 多种。根据 2018 年云南省卫生健康委制定的《云南省食品安全地方标准　云南常见野生食用菌名录》的统计，云南共有 227 种野生食用菌和 14 种条件可食用菌。

在云南、四川、贵州等地，松露被叫作土茯苓、无娘果、猪拱菌，从这些无比质朴的名字中，大家似乎也能感受到松露在当地居民眼中的地位，就是这 200 多种野生菌中的一种，当然比“人工菌”的地位会高一些。

对于各种菌类，哪怕是有毒的，云南人都抱有极大的热情，松露也是如此，总有着五花八门的烹饪手法去料理加工，煎、炒、烹、炸、炖、蒸、卤，手到擒来，甚至还有人用松露来泡酒。松露的香气是油溶性的，炖煮的烹饪方法完全无法激发，本地流行的辣炒做法就更加暴力了，最多就是嚼个味。这些烹饪方法，虽然不适合发挥松露的真正作用，但的确就是当地流传许久的传统。

如果把目光转向欧洲，在法餐和意餐里的松露完全是另一种风貌。松露经常用来搭配奶酪，两者相辅相成，可以激发出浓郁的香味。云南也有“国产的奶酪”——乳扇，不过这种奶制品的主要吃法基本是蒸、凉拌、油炸、炒等，但是经过这些处理方法之后，乳扇变干，奶制品的奶味、动物脂肪都被去掉，主要以提供热量为主，这也符合干农活的人的需求，只不过这种“国产奶酪”与松露能够搭配的点都完美失去了。

想到欧洲人吃松露，大家的脑海里立刻浮现出一个画面。在一家米其林星级的高档餐厅，一道精致的菜肴被侍者端上桌之后，大厨走到你身边，小心翼翼地用特别制作的松露刨子，将手中的松露刨出些许极其薄的松露片，零零落落散落盘中，食物的温度瞬间将松露的香味激发出来，将你包裹其中。然后再继续走到下一位客人面前，再接着刨几片。仪式感和精致感都十足，对比下来，感觉云南人吃松露，比如松露炒腊肉之类的操作的确有点暴殄天物了。

当后来法国人来到云南的时候，算是发现了一片宝藏，这里更是全球松露商人看中的地方。虽然在他们看来，比不上心中的“黑钻石”——佩里戈尔黑松露，但是如此多的松露也令他们欣喜若狂。当他们在当地收购松露时，也没有对当地农民进行科学的指导，所以很多时候，还没等到松露完全成熟，就被农民采摘了。没有完全成熟的松露，它的重量、香气以及含有的营养物质都会受到影响，不但影响云南松露的整体形象，价格也相应受到影响，卖不上去，使得国际上将中国云南的松露定为一般的级别，而这种偏见一直延续到现在。

所以现在，如果有人说云南松露只有三分香气，这真的是一个很大的误解。单是从黑松露来看，云南黑松露的气味比欧洲夏松露要浓郁不少，虽然意大利人对自己的夏松露称赞有加，其实意大利的夏松露与云南松露相比也只是伯仲之间。这也是为什么欧洲人需要云南松露的原因，因为这里的松露产量可以弥补他们产区松露的不足，从而维持他们松露的供应不断。

3.3 云南松露的现状

没有过去，就无从谈现在。过去云南的农户在采摘松露时，没有科学的指导和产区的保护概念。法国人在云南收购松露时，当地老百姓就是逐个山头用小铲、锄头、铁锹、笆篱翻找，这些方法非常容易挖断松露的菌丝。当真菌的根系系统被破坏，新的块菌很难分化形成，以后也几乎不太可能长出新的松露。所以最初当我到云南农村去做调研的时候，遇到成熟期品质完美的松露的机会少之又少。而且最近 10 年，云南的松露产量已经呈现急剧下降之势。2019 年，因为四川南部和云南大部分地区的高温干旱天气，再加上之前菌农的滥采滥挖，造成严重的影响，让中国的松露产量约减产 40%。

如今，欧洲人来收购松露的价格比松茸还要高，这更加成为当地菌农采摘松露的动力。但是菌农和经销商不了解国际松露的标准，其实也没有统一的标准，所以乱采乱挖、过度采集的现象愈来愈严重。我们曾说过松露从菌丝到长成需要7年左右的时间，按照这样的情况，如果再不采取措施进行保护，任其恶化，几年以后，云南很有可能不再有野生松露。如果松露消失了，与松露一起共生的树种也会受到影响，更不用说森林植被和当地的生态系统了，所以这不仅仅是松露的单一问题，也是整个环境生态所面临的危机。因此也有专家建议对松露的采摘进行强制规定和科学指导，从而起到保护的作用。

云南也曾尝试人工种植松露，据《中国科学报》（2013-03-20 第6版 生物）过去的报道，从2008年起，昆明植物所高等真菌系统与资源研究小组分别在云南丽江永胜、玉溪易门、昆明官渡区方旺林场、西山区团结乡等地区建立了种植示范试验基地。2012年12月，研究小组在昆明警犬基地块菌狗的帮助下，首次发现了两个块菌子实体。但这距离人工种植松露的成功还长路漫漫。同时松露这行通常是一个秘密进行的行业，所有种植人都不会相互沟通，为的是控制市场价格，因此带回来的菌苗容易发生混种，一旦出现这种状况，也只能是失败。所以在云南，人工种植松露实现商业化，真正走向市场，还是有很长的路要走。

纵览这 30 年国际松露产业的发展，中国扮演主产区的角色虽然已经很久，但是在国际舞台的影响力却不匹配，依旧处于食物链的低层，被国外市场主导的品质标准所制约。而国内的情况，无论是云南还是四川，都存在品种选择、采收、分选、运输、市场概念混乱的问题。要解决这些问题，关键是落实合理采收，做好松露品种识别、采收规范化、产品筛选及等级分类标准的建立，并维持松露的保鲜期而做到流通快速。面对被国外舆论和企业控制的国际松露市场，云南松露只有更好地与国际市场接轨，做出差异化的产品，才能提升价值。

除了鲜品外，云南松露也可以成为当地松露深加工品的原料，比如松露酱、松露油、松露盐等调味品，而且松露的产量也能够确保松露产品的稳定供应。只有这样，松露才不会成为仅仅是少数人能够接触到的高级食材，当越来越多的人有机会品尝到松露、接触到松露，才有可能去谈文化引导。而在中国，最合适的方法莫过于将松露鲜品、松露加工品与中餐文化相结合。这种结合不是重复传统的烹饪方法，而是推出能够更好地凸显松露优点的中餐新菜品。放眼中国，松露的市场尚未成熟，所以目前我们只需要努力做好这些工作就已经足够了。

在过去的200多年里，世界松露的话语权掌握在意大利、法国等欧洲国家手里，因为这些国家有适宜松露生长的环境，土壤湿度适合冬季松露的生长。如今，两个世纪已经过去，全球气候发生了重大的变化，气候变化导致环境改变，那些松露生长地域的温度，降水量早已不再和曾经的环境一样。如今，法国冬松露、意大利松露在不断减产也是大家可见的事实。同时，正是因为南半球产区出产对市场的冲击，意大利人才开始推出夏松露这个品种来继续保持对松露的话语权。但是真正实际来说，要比较黑松露的品质，可能南北半球还真是可以一较高下。

虽然目前的情况很不乐观，对于云南的松露，前景还是光明的，毕竟大家已经意识到了问题和错误。2019 年以来，一系列云南野生菌以及松露发展保护活动相继开展，松露人工种植和研究方面也取得了阶段性成果，2020 年 1 月，云南野生菌深加工生产线正式投产使用，相信会有更多的人来关注这个行业，也有更多的人开始了解中国松露的真正意义。

第四章

松露那些事

引 言

跟很多人一样，我接触松露的最初原因是因为爱吃。在这方面我其实还算有点天赋，从小我就嗅觉异于常人，每次出门旅行的时候，无论是乘坐飞机还是火车，一到吃饭的时间，只要闻到香味，就能大概说出餐桌上的菜色。之后的这么多年来，作为一名比较狂热的吃货，我一有机会就去世界各地品尝当地的美味，当年自己身上那点钱也都撒在这里了。

如果你是吃货，不可避免会接触到松露，毕竟头顶“世界三大珍馐”之一名号的食材，谁不想试试。而且当时我也非常好奇为什么每年的松露拍卖这么火爆，为什么这种食材会这么昂贵。到目前为止，在我的人生中，澳大利亚算是我待得比较久的地方，我在那里完成学业，跟着老师学习种植松露，当然也趁着这个机会尝试到不同的松露品种，对这种食材有了一定的了解。再回到中国，机缘巧合地在云南从事松露行业的工作，深入到行业核心，这才算是真正对松露以及它周边的相关经济、文化等有了自己的理解。

4.1 松露的未解之谜

这么多年过去，虽然我们对松露已经有了一些了解，但是它仍旧有很多未解之谜，让这种真菌始终保持着神秘性，也让大家继续为它而着迷。

人工种植之白松露

关于人工种植松露，我们之前一直谈的都是人工种植黑松露，没有怎么提到白松露，那是因为迄今为止白松露的人工种植还没有成功，而且也没有找到原因。

我也曾与松露专家们一起讨论过为什么种不出白松露的问题，虽然目前还没有得到任何有科学依据的答案，但是我有一个不成熟的想法，也许能解释原因。回顾历史，从 1920 年到 1940 年这 20 年间，大家已经开始尝试种白松露，只不过无一成功。我其实更想把这个“无一成功”换成“没有结果”。从事这个行业以来，我去了世界各地的白松露园区和产区，发现它们有一个共同点，那就是白松露园区的树林都是超过40年的老林子。3年生、7年生、10年生，不同树木的代谢产物不同，或许白松露需要的就是超过40年生的老树代谢产物才能生长。

不过这也传递出一个信息，如果你开始试验种植白松露，或许需要花费长达40年的时间去证实是否真的长出白松露。但是，人一生能有几个40年，而这其中又会有多少的变化。按照现在的社会发展速度，沧海桑田，高岸深谷，林子还是不是那片林子，松露还是不是你种的松露，真的很难说。至于我这个理论是否能验证，可能需要大家的继续努力了，目前没有人能解答。

松露的怪圈

要谈到松露的神秘现象，“怪圈”不得不提，这可能是大家谈论得最多的一点。在寻找松露的过程中，松露猎人和一些采收松露的人经常会发现这样一个奇怪的现象，在松露共生的树木周围，地上的杂草像是被野火烧过一样，只剩下一个直径 2—3 米的圈子，里面寸草不生。外国朋友们称之为“巫婆圈 witches circle”。不过这些圈子，虽然表面看似贫瘠，然而地下实则藏有珍宝。

有人解释说，是因为松露吸收走了圈子以内杂草和其他植物需要的氧气，导致它们都死了。也有解释说，松露在生长的过程中，会分泌一些对杂草有抑制作用的物质，将周围杂草杀死，以消除对共生树木养分和水分的争夺。至于最终答案是什么，没人论证，也许这就是松露的生存之道，符合丛林法则，物竞天择。

水陆 Magnatum

Tuber Magnatum 除了有自己独特的灰白色外，还有一个难以解释的现象。这种松露既可以生长在陆地，也可以生长在水边。不过长在水边的 Tuber Magnatum 成熟收获后，经过水洗后也不会腐烂，但是长在陆地上的同一品种，一旦经过水洗就很容易腐烂。所以遇到这种松露，洗之前要搞清楚它的来源。

松露的壮阳属性

自古以来，松露就被传说有壮阳特性，包括亚里士多德、毕达哥拉斯以及不少伟大的思想家都认为这种真菌是一种兴奋剂。《基督山伯爵》的作者历山大·杜马斯（Alexander Dumas）认为松露在某些特定场合可以使“女人更娇嫩，男人更可爱”。（They can, on certain occasions, make women more tender and men more lovable.）那位盛赞“松露是餐桌上的宝石”的让·安特赫尔姆·布里拉特－萨瓦林认为松露是一种天然的春药：“无论谁聊起松露，这都是一个有意思的词汇，它能激发人类的性欲和食欲，无论是穿着衬裙的女士还是胡须满腮的男士。”（Whoever says truffle, pronounces a great word, which awakens erotic and gourmand ideas both in the sex dressed in petticoats and in the bearded portion of humanity.）虽然诸多文豪伟人对它推崇备至，但是迄今为止，松露是否真的具有这个功能，没有科学证据可以证明。

季祥林先生说：“越是神秘的东西，便越有吸引力。”几千年的历史岁月里，松露的神秘外衣如同洋葱皮一般，被人们层层剥落，只不过直到今天还未真正触及内核，那些未解的谜团，那些不曾完全掌握的生长规律仍让全球松露研究者们前赴后继。最开始，松露以其神秘性，吸引了很多人。读完这本书后，当有些秘密不再是秘密时，当松露的神秘滤镜没那么重时，希望爱它的人依然爱它，因为它依旧有着无与伦比的香味，历经岁月积淀、倾注心力才能获得。

从泥泞不堪的山野林地，到繁华都市的米其林餐厅，松露始终还是那块松露，等闲变故的是市场和人心。对于我们普通食客来说，一切终将回归到“是否好吃”的问题上，如果你不喜欢它，它不过是你讨厌的各种蘑菇中的一种。如果你爱它，它就是你餐桌上的“钻石”。

4.2 感官选择，食鲜趁早

对于大多数普通消费者来说，松露复杂的生长种植理论知识、价格迷雾、市场内情并不是那么的重要。归根结底，这种真菌还是一种食材，我们还是要回归到吃的上面，怎么挑选，怎么吃。那么究竟要如何挑选这么贵重的食材？

挑选松露不复杂，主要依靠触觉、嗅觉、视觉，然后遵循三个步骤：触摸、闻嗅和观察。普通消费者可以依据这些来操作，行业内的专业人士也是如此。

首先，不能太软也不能太硬。如果松露太软或者可以直接捏碎，这意味着松露内部已经腐败，相反如果硬如石块，一点弹性也没有，松露的品质也不行。

其次，要闻一闻松露是否有香气。虽然每个人感官体验不同，闻到的松露香气也不尽相同，但是还是有一个简单的标准，如果出现过分强烈的酒精味、恶臭味，那就是腐坏的表现。

最后，要观察松露切面的颜色和内部纹理香腺。好的松露外表皮内部的大理石纹路需清晰可见，黑松露以呈现黑色为最佳。

鲜品松露一次最好不要买多，适量即可。松露被称为“珍馐”还真是名副其实，的确非常娇贵。除了许多令人无法琢磨的生长特性以及对生长环境的严苛要求外，它的保存也是一个挑战。从脱离泥土的那一刻起，松露的保鲜期便开始倒计时，非常短暂，很容易腐坏、烂掉。

松露从出土开始算，保鲜期最多不超过两周。白松露的保鲜时间更短，黑松露稍微长一点。刚买来的鲜品黑松露可以用厨房纸巾包裹好，放在密封的容器里，比如玻璃瓶，再放入冰箱冷藏，避免水分和香味较快地散发。白松露保存太困难了，建议即买即食，趁鲜食用。

现在不少人喜欢将松露放在大米中保存，其实这种方法是不对的。无论是什么品种的松露，只要放入大米中，在2—3天内松露的水分很快会被大米吸收，而且松露的香气也会感染到大米，让大米变得香气十足。与其说保存，不如说展示。这种方式可能更适用于向食客们展示松露，以米做盘，将松露放入其中，呈现的过程亦是香气散发的过程。大米的香味和松露的香味交织混合，米香若隐若现，松露香味浓郁四溢，营造出令人沉醉的氛围。

归根结底，无论用哪种方法保存，都会影响松露的风味和香气，所以最佳的方法就是适量购买，尽快吃掉，否则浪费就真的可惜了。

4.3 西餐和中餐里的松露

挑选好了松露，接下来就是如何烹饪的问题。对于厨师来说，准备松露菜品时，最好不要在空气对流较强的空间，当松露释放香气的时候，很容易导致香气分子被吹破，最终导致菜品上桌时，香气已经流失大部分，无法让食客准确感受到。酸味、辣味、薄荷味这三种味道很容易影响松露香气的散发，这些强烈的味道甚至会掩盖所有的香气，而这也是我们云贵菜系的特色，所以这几种味道不宜搭配松露。在温度的把控上，使用松露前，最好将它从冷藏休眠的状态唤醒，在室温中放置至少半小时再使用，这也有助于香气的释放。

松露搭配其他菜品时，温度也有讲究。搭配菜品的温度不能太高，60℃以下最为合适，这就是西餐中松露一般是被切成薄片，然后撒在热菜中食用的原因，在这种情况下松露的香气可以更好地被激发出来。

作家 William Makepeace Thackeray 曾对松露味道的识别有这样一段描写："我们意识到有一种味道渐渐靠近过来，带着点麝香、有点活泼、有点好闻、有点神秘，令人松弛放松。它能唤醒观感，再激发它们，当你感觉到这些，那就意味着你的松露来了。"松露的香气类型很多，泥土气息、坚果、辛辣、花香、果香，无论哪一种似乎都具有自身的魔力，尤其是对于喜欢它的人来说。一旦闻过它的香味，就想把它放在嘴里，像一颗好吃的糖果一样，让人爱不释手。

松露与西餐的搭配早有渊源，关于松露的做法，罗马美食家阿比西斯（Marcus Gavius Apicious）在公元1世纪的时候，写一了本名叫《厨艺》（*De Re Coquinaria*，*The Art of Cooking*）的书，书中收录了超过400道菜谱，这本书被认为是有历史记录以来最早的厨艺书籍之一。

书中介绍了两种松露的做法，其一是：松露刨皮后在水中煮至半熟，放盐调味后，再穿到烤串上，稍微烤一下。再刷一些油，一些Garum（用鱼做的腌制汁，有点类似东南亚的鱼露）、Carerum（葡萄酒浓缩汁）、花椒、蜂蜜，然后将松露从烤串上取下，即可食用。其二是：将松露搭配葡萄酒或者Garum。将松露与韭葱一起煮熟，再搭配盐、胡椒、新鲜茴香、葡萄酒、少许油。（Apicius, De Re Coquinaria VII, Epimeles II.27; Polyteles, Sumptuous Dishes, Chapter XVI.315.）这可能是西餐中关于松露最早的做法。18世纪，法国人发明了一种做法：将黑松露塞进鸡的皮与肉之间然后再煮，主要目的是让黑松露香气渗入鸡肉。这些做法听起来也是有些烦琐，但是到了现在，已经化繁为简，完全演变成以全面呈现松露风味为主旨的做法。

无论是法餐、意餐、西班牙餐，还是最近流行的北欧系菜品中，都能找到非常成熟的松露应用。法国人只用最简单、最自然的方式来展现松露的特色，不用猛火，不用过多调味料，意大利人更加纯天然，厨师会直接将松露片刨到菜品的盘中，颇有仪式感。

法国国宝级厨艺大师保罗·博古斯（Paul Bocuse）最有名的招牌菜之一——酥皮黑松露汤（Black Truffle Soup）多少年来长盛不衰，这道菜对于黑松露的运用，堪称是温度、食材、技法的最佳组合呈现。

而另一位法国厨艺大师乔尔·卢布松（Joël Robuchon）有一道名菜黑松露塔塔配油封洋葱和烟熏三文鱼（Crispy Truffle Tart with Onion Confit and Smoked Bacon），这道菜对于黑松露的使用可以说是非常豪放了，堪称真正的“黑松露盛宴”，每一道菜精确使用了21片鲜松露薄片，大家可以有兴趣的话可以了解一下。

说到白松露，那得是意大利的“白松露之王”Umberto Bombana 大厨的作品了。他的白松露菜品很多，其中的招牌菜意大利面配白松露就不必多说，另一道阿尔巴白松冰淇淋配香缇里奶油、牛轧糖及栗子薄脆（White Truffle Gelato with Chantilly, Nougat and Crispy Chestnuts）堪称惊艳，除了白松露本身的香味完美散发出来外，搭配这种清冽的香甜，更是带出一种意想不到的风味和口感，这也是令我印象极为深刻的一道松露菜品。

来到松露产量第一的中国，松露在中餐中的应用，虽然历史不短，但是始终没有将松露放到正确的位置。有人说，纵览中餐的历史，像松露这样被如此“错爱”的食材，也是凤毛麟角。云南人对于松露的烹饪方法，已经跟大家介绍了，只能以一句话来总结，完美避开了松露的特色。

虽然松露在云南和四川没有找到自己的位置，但这不能说明它在博大精深、包容万象的中餐中没有立足之处。这些年来，我曾尝试过搭配松露的中式海鳗，吃的时候既可以品尝到鳗鱼的海味，也能闻到松露的香味，两者相辅相成，鳗鱼的味道完全没有影响松露，当时让我觉得很是不可思议。

在现在市面上，我们逐渐也能看到越来越多以松露作为食材的中式菜品了，比如松露红烧肉、松露小笼包、松露月饼等等。中国意境菜创始人董振祥大厨有一道名菜叫黑松露墨鱼汁文思豆腐，非常惊艳。菜品里既使用到了松露油、松露酱，也使用了少量松露鲜品。淮扬菜的刀工让豆腐丝丝动人，沉浸于黑色的汤汁中，带来视觉的想象。恰当的温度让松露的香味完美释放，这道菜堪称中餐与松露融合的代表菜之一。看到这些，我相信以后会有更多的运用松露的菜品出现。

对于松露菜品与葡萄酒的搭配，也有一定的规律可循，其中最为主要的就是尊重香味的平衡，避免加重单宁的苦涩。松露的风味浓郁，适合搭配比较细腻、中性的白葡萄酒，或者风味比较集中、更为年轻的红葡萄酒。具体到菜品的话，如果是松露与红肉搭配的菜品，可以选择年份较老的巴罗洛或者勃艮第，因为葡萄酒本身就有泥土、菌类等的特性与松露形成完美搭配，而它们的单宁和酸度也可以和红肉的质地相匹配。如果是松露搭配鱼肉，适合搭配比较柔和、均衡的陈年红葡萄酒。最常见的松露意大利烩饭（risotto）则适合搭配比较优雅的、绵密柔顺的葡萄酒，比如霞多丽。

松露不太适合搭配酒体比较轻盈的葡萄酒，比如意大利灰皮诺、慕斯卡德(Muscadet)，肯定不会推荐，因为它们太细腻了，没有足够的风味与松露抗衡。对于红葡萄酒来说，那些果味为主体、强劲的红葡萄酒，比如西拉、马尔贝克等等，也不适合搭配松露菜品。

4.4　厨艺大师们的松露菜谱

鱼松露酱蒸肉饼·贡米

屋里厢 - 米其林二星餐厅

食材

五花肉 200 克

鲜鲍鱼（10 头）4 只

东北五常贡米 50 克

小香葱　少许

红椒　少许

调料

干陈皮（10 年）1 个

松露酱 25 克　　松露油 10 克

生抽 5 克　　老抽 10 克

盐 3 克　　糖少许

鸡精 2 克

1. 取五花肉切成小粒。
2. 鲜鲍鱼取肉，改刀（十字花刀），加高汤、盐、糖、生抽、老抽、葱姜，小火慢炖，入味至软糯，备用。
3. 干陈皮加水泡发，改刀切成细粒，陈皮水过滤待用。
4. 将五花肉小粒，加陈皮水、陈皮粒、松露酱、盐、鸡精、生抽拌匀，备用。
5. 取大米加适量水，放入盘中蒸熟，加入调好的肉馅均匀放在米饭上面，加入烧至好的鲍鱼，上火蒸 20 分钟即可。
6. 出锅后加入少许葱花、红椒粒浇油，再撒点松露油。

主厨菜品构思

此菜是在粤菜咸鱼蒸肉饼的基础上改良的，加入松露酱、松露油、陈皮这几种辅料进行搭配，既保持了肉饼本身的香味，又融入了松露、陈皮的固有气味，结合鲍鱼、米饭的合理点缀，是一道把传统家常菜提升的菜品。

菜品特点：

这道菜把中、西方食材搭配，鲜香可口。

Tips

1. 蒸制肉饼时，不宜过久，控制好时间。
2. 也可加入鲜松露，出锅后表面加入更佳。
3. 头遍米饭的蒸制水量不要过多。

黑松露酱荷兰汁温泉蛋配伊比利亚火腿迷你法棍吐司和田园鲜蔬果

味美西班牙餐厅

王 佳
John Wang

烹饪过程

1. 90度的热水中放少许白醋鸡蛋煮1分钟左右取出；
2. 涂过蒜茸黄油迷你法棍吐司扒上色至松脆；
3. 加热黄油取清黄油备用；
4. 柠檬汁和鸡蛋黄充分混合，加少许盐、胡椒；
5. 加入热清黄油搅拌至乳胶状做成荷兰汁；
6. 伊比利亚火腿片放在迷你法棍上，再放温泉蛋，浇上荷兰汁和黑松露酱；
7. 把时蔬鲜果和香草摆盘即可。

万豪集团华东区总厨咨询委员会成员
上海宝龙艾美酒店　厨房运营总监

原料配方

黑松露酱

伊比利亚火腿一薄片

一粒水煮温泉蛋

一片法棍面包

无花果

草莓一粒

蓝莓一粒

胡萝卜薄片

黄瓜薄片

新鲜橙肉

新鲜茴香薄片

各种新鲜香草装饰

荷兰汁

一个鸡蛋黄

柠檬汁

清黄油

少许盐、胡椒

深圳福田香格里拉

中餐行政总厨

食 材

法国鹅肝 200 克

调 料

黑松露酱30克、吐司50克、巧克力脆片 3 片、白珍珠醋 8 克、黄油萃液 1 块

制作过程

1. 鹅肝化冻，牛奶浸泡，去掉血水，挑去血筋，捏成块；
2. 用桂皮、八角、花椒煮的水冷却，加入生抽、蚝油、料酒调成汁；
3. 把牛奶浸泡过的鹅肝放入调料汁里浸泡入味；

4. 浸泡入味的鹅肝放入烤箱，120 度烤 25 分钟，放凉；
5. 鹅肝放凉后，用密漏过滤，去筋去油，注入模具冷冻定型，长方形切块；
6. 巧克力脆片、吐司切成鹅肝切块同样大小，吐司用黄油双面煎香，厚涂黑松露酱；
7. 装盘：1 片巧克力片垫底，依次放上 1 片鹅肝，1 片吐司、1 片巧克力、1 片鹅肝，顶部放 1 片巧克力片、白珍珠醋及黄油萃液装饰，周边用覆盆子果酱点缀。

松露蘑菇卡布奇诺汤配松露奶酪三文治

by Chef Alan Yu

Alan Yu

食 材

-500 克牛排菇（Portebella Mushroom）

-200 克新鲜香菇

-3 颗干葱头

-1.2 升矿泉水

-300 克牛奶

-200 克蛋奶油

-200 克总统黄油

-150 克黑松露酱

- 海盐少许

- 黑胡椒粉（现磨）

制作过程

1. 菌菇冲洗干净用手挤干水分，切成小粒，干葱头切小粒；
2. 锅里放橄榄油，加入干葱粒和蘑菇粒炒至微焦，加入矿泉水烧开，然后调制小火慢煮 30 分钟；

3. 30 分钟后捞起锅中的 90% 蘑菇，并挤出剩余蘑菇水（蘑菇不要，只要水）；
4. 蘑菇水的锅里放入牛奶，蛋奶油和黄油小火继续煮 15 分钟；
5. 然后加入黑松露搅拌均匀，海盐，胡椒粉调味即可；
6. 装咖啡杯前用手扶搅拌机搅拌，倒入咖啡杯的 8 分满；
7. 然后继续手扶搅拌机搅拌直到泡沫出现，用勺子捞出泡沫放在杯中，类似卡布奇诺即可。

松露奶酪三

食材

- 两片吐司面包薄片
- 黑松露酱少许
- 两片姑老爷芝士（带空芝士也可以代替，看个人爱好）

制作过程

1. 两片吐司分开放展板上，每一片吐司上放一片芝士；
2. 用勺子涂上适量的黑松露酱在其中的一片上，量可以根据个人喜好判断；
3. 然后把另外一片芝士合二为一即可；
4. 不粘锅中小火烧热放入三文治反复两面煎至金黄色，里面的芝士融化即可；
5. 可以按照个人喜好分切成两份或四份；
6. 开吃。

松露酱捞山药手工面

主 料

新鲜黑松露 20 克、自制松露酱 50 克、铁棍山药 100 克，面粉 100 克

辅 料

白蘑菇碎 25 克、肉碎 20 克，鸡汤 100 克，海盐适量

制作流程

1. 山药蒸熟，做成粉，和面粉烩在一起做成面条，煮熟摊冷备用；
2. 白蘑菇炒香，加上肉碎炒香，放入鸡汤煮软去油，摊凉备用；
3. 鲜黑松露刨皮，皮和边角料剁碎，加入少许橄榄油炒香，加入煮好的白蘑菇肉碎煮入味；

4. 加入自制黑松露酱，煮开，加入面条一起煮好摆盘；

5. 新鲜黑松露刨片，放在面条上面即可。

jeffrey 沙拉

菌之礼遇

烹饪过程

1. 提子，黄桃，洗净切块；
2. 芦笋刨片，朝鲜蓟切块分别烫熟，入冰水；
3. 松露油拌匀所有原料，摆入磨具内；
4. 摆盘使用松露片，有机苗菜，有机花装饰。

中国烹饪大师，西餐烹饪高级技师。
目前担任上海虹桥金臣皇冠假日酒店行政总厨。
曾担任万豪国际集团亚太区厨务委员会——大中华区中西区委员。
曾担任过多家万豪国际酒店集团旗下酒店行政总厨一职。

原料配方

提子 50 克

伊比利亚火腿 20 克

朝鲜蓟 50 克

松露油 10 克

黄桃 100 克

芦笋 100 克

黑松露 20 克

黑松露洋葱奶油，白芦笋，烤扇贝

食 材

面粉 1 汤匙

黄油 2 汤匙

白葡萄酒 100 毫升

牛奶 500 毫升

白洋葱（细切）150 克

新鲜黑松露（削片并剁碎）30 克

调 料

柠檬汁

盐

胡椒粉

制作过程

1. 用小锅将牛奶加热至即将沸腾的状态，并将其保持温热备用；
2. 用中等尺寸的锅，用黄油文火熬切片的洋葱，并加入一撮盐。将洋葱煨 5 分钟至没有颜色、柔软为止；

3. 低火加入面粉，让洋葱中的汁水和黄油充分吸收面粉，将火调至微火。分多次且缓慢地加入温热的牛奶，一边加入一边搅拌；
4. 将完全融合的汤汁用文火煨大约 8 分钟，这样淀粉能够使汤底更加浓稠；
5. 将熬好的汤汁和所有食材加入至搅拌机，捣碎至细腻顺滑为止；

6. 将搅拌完的汤汁用细孔筛过滤后，加入锅中；并加热至温热状态；
7. 起锅前稍作加热，（若白汁太过于浓稠，可以适量加入一些牛奶进行稀释）。先加入柠檬汁、盐、白胡椒调味，最后再刷上黑松露增香；
8. 将扇贝横切，并用盐调味；
9. 将剥好的白芦笋加入平底锅中，用一些黄油和百里香烤制；
10. 食材烤制金黄之后翻面；
11. 先在盘中用白汁铺底，用白芦笋和烤扇贝装饰。最后再用栽培的香料和片状的海盐点缀。

菜品特点：

从本质上讲，这是使用洋葱制作的调味白汁，向白汁中注入新鲜松露，为菜肴增添优雅和复杂的风味。

Tips

请确保在上菜前一分钟再加入黑松露，这样温热的汤汁既可以激发黑松露的香气，使其充分融入白汁中，又不会让黑松露加热过久而流失香气。

松叶蟹白松露釜饭

深圳 晴空

食 材

松叶蟹一只，百合根 15 克，日本越光米 170 克

调 料

昆布 10 克，木鱼花 30 克，味啉 10 毫升，淡口酱油 3 毫升，酒 10 毫升，盐 6 克，日本三叶（可用中国芹菜叶替代），阿尔巴产白松露。

制作步骤

1. 首先准备做出汁，准备一个锅，放入 10 克昆布、木鱼花 30 克，加入适量日本软水，中大火煮沸，去掉浮沫，关至中小火 2 个小时后用隔筛纱布隔去杂渍，取出出汁备用；

2. 日本米 170 克洗好泡 40 分钟，沥水，备用；

3. 松叶蟹蒸 20 分钟，取肉，蟹黄取出，备用；

4. 出汁 200 毫升，味啉 10 毫升，酒 10 毫升，盐 6 克，淡口酱油 3 毫升混合成为釜饭出汁，备用；

5. 在釜饭锅里面放入泡好的日本米 200 克、调好的釜饭出汁、百合 15 克、蟹肉 40 克，摆放均匀后盖好，开火，小火 3 分钟热锅，中火 5 分钟煮沸，小火焖 5 分钟放入蟹腿，最后再焖 5 分钟并放入日本三叶（可用中国芹菜叶替代）、蟹黄，阿尔巴白松露，吃之前搅拌均匀即可。

黑松露比萨

北京 TAVOLA Italian Dining

食材

比萨面团 1 个，黑松露酱 25 克，混合菌类，水牛芝士，意大利帕尔玛火腿，蜂蜜。

制作步骤

1. 首先把比萨面团开皮做成比萨薄底，放入 25 克黑松露酱抹均匀，上面放炒好的混合菌类；
2. 再放入意大利水牛芝士；
3. 放进烤炉 3 分钟，烤炉温度 320 度；
4. 出炉放入盘中切成 6 片，每片上面放 1 片帕尔玛火腿，最后放少许蜂蜜即可。

米其林餐盘餐厅 孚道法餐厅 行政总厨

芹菜根 、发酵白芦笋、芹菜、杏仁、黑松露油

食 材

芹菜根 1 棵，香芹 50 克，发酵白芦笋 100 克，重奶油 200 克，无盐黄油 100 克，蜂蜜 50 克，食用盐 3 克，白胡椒粉 1 克，白杏仁 10 克，黑松露油 10 克，琉璃苣花 2 瓣

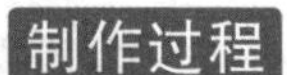

制作过程

1. 芹菜头用锡纸包住，放入 150 度烤箱，烤 3 小时，取

出，对半切开，去皮，切成 1.5 厘米厚的切片；
2. 平底锅中放入黄油，将切好的芹菜头放入锅中，中小火煎至上色；
3. 将发酵白芦笋泥、奶油、蜂蜜、适量纯净水放入锅中加热，烧开后转小火浓缩，浓缩至 1/2 时，加入盐、胡椒粉调味，最后放入黄油，用手持均质机打至顺滑，最后用细筛过滤；

4. 香芹切成 4 厘米细长段，用黑松露油与食用盐调味；

5. 白杏仁用清水洗净多余盐分，备用。

组 装

1. 将白芦笋汁放入碗中；

2. 再将制备好的芹菜头放在一侧；

3. 依次放上香芹段、白杏仁；

4. 最后淋入黑松露油，用玻璃苣花装饰。

川意宴：一次关于黑松露的极致表达

梦想还是要有，说不定很快就能实现。

2017年，我担任董事总经理的云南能投野生菌农业发展有限公司推出“曾味 Sumerians”品牌，我们的目的就是重塑云南松露质量标准体系，实现国际对标，将中国松露品牌推向世界舞台。

时隔两年，2019年2月27日、28日，“白松露之王”、米其林三星大厨 Umberto Bombana 先生携米其林三星餐厅香港 8½ Otto e Mezzo BOMBANA 团队，与享誉世界的华人主厨江振诚先生在黑珍珠餐厅——成都 THE BRIDGE 廊桥，联手带来一场“川意黑松露宴”。

一千年之前，意大利旅行家马可·波罗来到当时成都的万里桥，也就是今天的廊桥，留下当时船舶甚众，商贾林立的描绘。今天，另一位意大利国宝级厨艺大师 Umberto Bombana 先生来到这里，以意大利美食对话出自江振诚先生之手的中国川蜀风味。黑松露构建这场盛宴的“桥梁”，不仅展现了川菜与黑松露的结合，更传递出两种美食文化交融交汇带来的美妙与动人。当然更令我骄傲的是，此次晚宴上所有顶级黑松露食材均由“曾味 Sumerians”提供。

在这场中西风味的对话中，两位“亚洲终身成就奖”主厨为这次主题晚宴共带来了 10 道菜品，每人 5 道，各显神通，各有千秋。川菜与意餐交错往复，一幕一章，仿佛一场特别的戏剧，在情绪的激荡中与味蕾的体验中，讲述关于黑松露的故事。或水墨轻点，或肆意随性，或是主角登场，或是配角添彩，黑松露从古老的山野林地，走入天府之地的川味鲜香中，展现出万千的姿态。即便是与酸辣、鲜麻这样浓烈的风味搭配，松露也毫不逊色，经过大师的创意与技艺，带来超出想象的惊喜。

当晚的 THE BRIDGE 廊桥餐厅，宾朋满座，谈笑无穷。知名美食家和专业餐饮媒体从全国各地专程赶来，更有从国外慕名而来的食客。我有幸参与这次“川意黑松露宴”，见证了松露鲜品、松露加工品在大师菜品中的运用，它们跨越菜系、跨越文化，以“四两拨千斤”的本领，带来感官上的极致享受。迷宫一般的神秘纹路里不仅有着复杂难辨的香气，更有激发出无限想象的灵感。

黑松露配叶儿粑 by 江振诚

黑松露配叶儿粑是抛砖引玉，江大厨用金枪鱼腩煸油搭配瓷白圆润的叶儿粑，馅料是几颗腊肉丁，再覆盖黑松露薄丝，熟悉的风味中带着松露的香味，糯黏的口感之中多了一点俏皮。传统的街头小吃忽然有了新的表达，以轻描淡写的方式开启一片佳境，而接下来便是高潮迭起，惊喜不断。

千层莴笋松露渍 by 江振诚

千层莴笋松露渍，这道菜既如同菜名这样直接，又暗藏着浪漫的诗意。特别制作的酱汁以几分绝妙的酸爽风味开始，而后是松露的香气收尾，相辅相成，相得益彰。莴苣与海带以明暗不同的色泽错落排列，四川市井人家的“跳水泡菜”俨然成为高端餐厅的精致前菜。

鱼子酱衬炖鲍鱼
by Umberto Bombana

来自米其林三星餐厅香港 8 ½ Otto e Mezzo BOMBANA 的招牌菜。Bombana 先生以低温慢煮的烹饪方式呈现中国人热爱的鲍鱼，软嫩的鲍鱼片与鱼子酱一起，以不同的口感和质地展现大海的鲜美。

黑松露八宝米粥 by 江振诚

乍一看是八宝粥，吃一口却是risotto。这一道黑松露八宝粥令人亲切异常又惊喜满满，江主厨用意大利烩饭的做法，带出泡沫、米乳、粥、脆米的丰富口感，脆硬的燕麦和粉面的莲子花生，再加上黑松露片的点睛之笔，余韵悠长，不愧是宝藏菜品。

龙虾海胆手工粉 by Umberto Bombana

大厨Bombana的龙虾海胆手工粉Maccheroni是意大利经典的家常手工面，有点像中国北方的手工面，标准意大利的al dente做法，口感略微偏硬。佐以极鲜软嫩的蓝龙虾，加上日本海胆的鲜甜、龙虾头膏的浓香，堪称海鲜滋味的“天花板”表现。搭配黑松露细丝，更有了复杂的香味，完美诠释了经典意义。

四川水煮北极鲑 by 江振诚

水煮鱼也能搭配黑松露？没错。四川本地也有鲑鱼？没错。江主厨以四川水煮的做法，稍加演变，选用本地以冰川湖水养殖的鲑鱼，在削减辣味之后，再添加黑松露碎。松露的香气不再被辣味喧宾夺主，与隐约的麻香一起，使得整道菜香气味型得到提升，有了奇妙而复杂的气质。

松露和牛面疙瘩
by Umberto Bombana

松露和牛面疙瘩是Bombana团队的压轴主菜，意餐中关于松露的仪式感在这道菜中被淋漓尽致地体现。和牛肉用黄油煎制，酱汁略带焦糖味，肉质鲜嫩。菜品上桌之后，“白松露之王”Bombana先生来到就餐宾客中间，亲自为这道和牛佳肴刨上新鲜松露，薄片落下，松露的香味立刻四溢开来，在与和牛的味道交织碰撞中，营造出无与伦比的氛围。此刻，盘中的 gnocchi——意大利传统“面疙瘩”被瞬间升华成令人心动的精致美味，所谓小菜大做，风味之道，或许就是如此吧。

藤椒蛤蜊指耳面 by 江振诚

以中国传统指耳面搭配蛤蜊意面，以梳子作为面剂子造型的工具，似乎跟意大利的 gnocchi 有着异曲同工之妙。川味中藤椒与姜的风味在其中作为点睛之笔出现，罗勒和小葱的香则源自意餐。加上蛤蜊带来的海洋气息，又增添几分清鲜和熟悉。这道藤椒蛤蜊指耳面既是亲民的家常菜品，又有着小处见大的匠心。

草莓雪葩香草籽 by Umberto Bombana

新鲜草莓加入香草带出果香与甜香的混合，冰爽之间让味蕾清新。作为菜品之间的过渡，再好不过。

秘制松露蜂巢糕 by 江振诚

秘制松露蜂巢糕是江大厨根据晚宴主题“黑松露”特别设计的，他非常喜欢“曾味”提供的黑松露酱，于是以此为基础，结合家常甜食蜂巢糕，带来颇具突破创新的黑松露甜品。在蜂巢蛋糕之间涂抹黑松露酱，再搭配新鲜无糖奶油，撒上一些海盐，再覆上一层黑松露碎片，带出丰饶的甜香。

榛果巧克力雪糕 by Umberto Bombana

浓郁的风味，不同质地的组合，将意大利北部的经典甜点风味融入盘中，为整场晚宴带来甜美的落幕。

这次特别的“川意黑松露宴”，大厨们将自己对松露的理解，对中餐文化的研究心得，以精湛的技艺融入菜色之中，用最自然的方法激发出餐桌上的自然生机，带来令人拍案叫绝的滋味。肉食的油润滋味、蔬果的清新干爽、主食的质朴原味，在厨艺大师的手里，与黑松露都能找到契合的点，互相成就。一席盛宴，道道精彩。

除此之外，这一次由“白松露之王”Umberto Bombana 和世界华人名厨江振诚在成都联手带来的黑松露主题晚宴对于我们而言，有更多一层含义。这可能是曾味出品的黑松露第一次在国内出现于如此高级别的宴会，无论是鲜品，还是加工品，不仅得到了两位世界名厨的承认，也获得当场美食评论家、老饕食客们的认可。这样的尝试给了我灵感，也让我有更加坚定的信心，在这条路上继续前行。

序曲：黑松露配叶儿粑

by 江振诚

在正式菜品之前，还额外赠送了一道惊喜，那便是 THE BRIDGE 廊桥的经典小吃叶儿粑。江主厨用金枪鱼头煸油，将瓷白滚圆的叶儿粑裹敷，里面深藏几颗腊肉丁已经足以让人惊喜，为配合此次的黑松露主题，晚宴的叶儿粑上也覆着一层黑松露薄丝，赋予这道市井小吃更浓郁饱满的口感。叶儿粑的亮相令四川本地食客也惊叹不已，而这不过是晚宴的序曲。

千层莴笋松露渍

by 江振诚

四川特色“跳水泡菜”方法腌渍的莴笋和海带，酸辣爽口，江主厨团队将其摆放成极具美感的“千层”造型，同时将松露酱巧妙调制成酱汁，令这道菜品口感极大丰富，市井泡菜在松露味道的加持之下，一跃荣登大宴之堂。

鱼子酱衬炖鲍鱼

by Umberto Bombana

这是米其林三星香港 8½ Otto e Mezzo BOMBANA 餐厅的招牌头盘，亚洲人喜吃鲍鱼，特别是在香港，于是 Bombana 先生就用低温慢炖的料理方式烹制了这一道鲍鱼料理；鱼子酱衬炖鲍片选用澳洲大鲍片，搭配意大利鱼子酱，鲍片的鲜味藏于其柔美丰厚中。

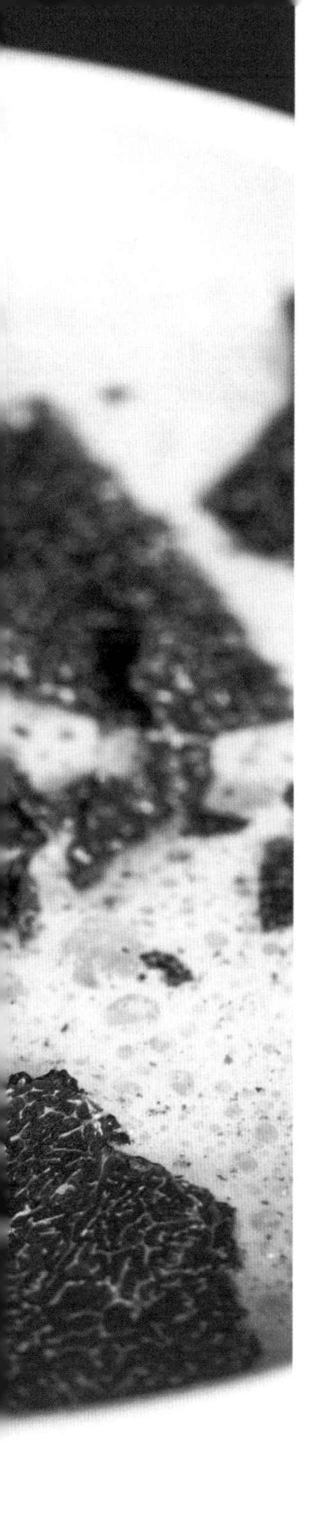

黑松露八宝米粥

by 江振诚

黑松露八宝米粥给人太大的惊喜！江主厨运用西餐 risotto 的做法来料理中华传统家庭美食——八宝粥。看名字如此平凡，实则入口则绽放出花朵，小米、莲子、脆米经过烹调呈现出泡沫、米乳、粥、脆米的口感，层层递进，再加上黑松露的点睛之笔，足以让人回味三日，此道菜品获盛宴点赞最多。

龙虾海胆手工粉

by Umberto Bombana

Macchetoni 是意大利经典的手工面，几乎各家各户都会制作，口感有点像中国北方的手工面，偏硬有嚼劲，Bombana 先生希望将意大利家乡最传统的味道带来四川，佐以蓝龙虾与日本海胆的极鲜食材，搭配黑松露细丝，底部垫着软嫩的龙虾塔塔，龙虾的鲜嫩、海胆的清甜、黑松露的复杂香气，以手工意面为基底，互相补充又和谐高级。

四川水煮北极鲑

by 江振诚

“四川本地竟然有鲑鱼？！”这是Bombana先生在后厨看到新鲜送来的活杀鲑鱼时的惊叹。江主厨每个月来廊桥都会抽时间在四川探寻有趣的食材，这一次他竟然找到了用冰川湖水养殖的本地鲑鱼，便辅以四川水煮的演变做法，辣味在削减过后，添加了黑松露碎，使得香气味型提升丰满，充分展现了鲑鱼的鲜滑多汁。

松露和牛面疙瘩

by Umberto Bombana

本道菜品是Bombana团队的压轴主菜，自然是按照惯例由“松露之王”Bombana先生下场来到宾客间，亲自为这道和牛佳肴刨上新鲜松露，两种食材本身的香气交织碰撞，松露在落入盘子之间香气萦绕满屋，而在和牛底下则卧着传统意大利食物gnocchi，一款由马铃薯和面粉制成的“面疙瘩”，包裹着绿色的蔬菜酱汁，令大家不自觉地感受到了春天的步伐。

藤椒蛤蜊指耳面

by 江振诚

藤椒蛤蜊指耳面无疑又营造出川菜料理一个新的格局，指耳面运用传统的技法，用梳子作为面剂造型，淳朴而可爱，蛤蜊有着原本的海洋气息，而藤椒味的拿捏则十分考验人，是清鲜与微麻的妥帖组合，不过分刺激口腔，却又令味觉更敏锐，很多客人惊呼吃到高潮！

草莓雪葩香草籽

by Umberto Bombana

这是一道 pre-dessert，吃完主菜需要用当季新鲜草莓来清爽口腔，这道与香港米其林三星餐厅 8½ Otto e Me220 BOMBANA 同步上市的甜食小品，令席间女士们满心欢喜。

秘制松露蜂巢糕

by 江振诚

这道甜品是江振诚先生专门根据晚宴主题“黑松露”特别设计的，他非常喜欢“曾味”提供的黑松露酱，于是便开始创意一道看似家常、简单，却又颇富于突破创新的黑松露甜品。蜂巢蛋糕是学过基础烘焙的家常甜食，而在蜂巢之间裹敷黑松露酱，再搭配新鲜无糖奶油，撒上一些海盐，再覆上一层黑松露碎片，丰饶而毫不腻味，黑松露与生俱来的贵气令这道家常美食瞬间成为餐桌焦点，就连许多不喜甜食的男士都吃到光盘。

榛果巧克力蛋糕

by Umberto Bombana

榛果巧克力蛋糕是 Bombana 先生家乡意大利北部最经典的甜食组合，也是深受香港食客们喜爱的甜品，视觉上轮廓变幻极为讨喜，舌尖亦得甜美，是一道极具米其林风范的压轴甜品。Bombana 先生功力深厚，五款菜品尽显意大利菜之传统，圆满落幕，完美收官！

“所谓的国家化表达，不是让中国人接受，而是让国际上更多人接受，让更多不懂中国味道的人喜欢中国菜。那么，完全不变的（正宗）川菜老外肯定接受不了，江振诚在寻找一种突破的路径，去掉大量的麻辣，用藤椒这种带有新鲜气息的鲜麻来表达四川，相对接受起来会容易些。”

——国内顶级食评人、美食作家董克平

“两位名厨的四手连弹，Bombana 的好是意料之中，而江振诚的好是出乎意料。吃过他的料理之后才会理解为什么那么多中国厨师会奉他为神。对于中餐，他既是 outsider 又是 insider，似远实近，似花非花，既无情赏玩解构又诚意直指人心。”

——著名葡萄酒评论家、樽赏创始人谢立

“Bombana遇见江振诚，堪称2019年最大腕儿晚宴，当巴蜀遇见亚平宁，两大世界级名厨联袂呈现，四川与意大利的相似性被表达得丝丝入扣，文化、习惯、风土人情，再到物产和生活节奏都惊人相似。Chef André把川菜的格调向世界表达，Bombana则依然坚守尊重自然美味，这场晚宴必将载入史册！”

——资深西餐教育家侯德成

“如何让四川以外的地方接受川菜？如何抓住川菜的魂而不是川菜的形？今天在廊桥我得到了一份满意的答案。黑松露在这一席晚宴中穿梭于川菜与意大利菜之间，时而是主角，时而是精彩的衬托，无论搭配肉类还是甜品，都各有风味。”

——知名美食家洪亮

江主厨用多年淬炼不断拓宽川菜的边界，在回溯川菜前世中，恰逢一场轮回新生。也难怪世界殿堂级钢琴家、美食家赵胤胤在晚宴上语出惊人：“江振诚来到成都，川菜从此涅槃！”

【花絮】大师同台　成都印象

无论是在幕后还是台前，两位名厨都透着大师本色，一位时髦讲究，一位则仙风中透着萌态。这是Bombana先生第一次来成都，他穿行于成都街巷间，逛太古里，游宽窄巷子，在廊桥上眺望锦江。目之所及，都如此神奇，过去他了解这座城市，是通过另一个意大利人马可·波罗的笔触，然而时代更迭，眼前的成都显然已经是一座未来之城，但他依旧能从人们的眼神中感知到这座城市跳动的脉搏。

Bombana先生特别喜欢成都这座城市的活力与多元，原本就食辣的他也毫不意外地爱上了此地的食物。在THE BRIDGE廊桥，他尤其喜爱江主厨的盐焗鸡和担担面，刚到成都的第一个晚上便对 THE BRIDGE 廊桥的晚餐连连称赞："Bravo！"他喜欢极具文化符号的餐厅，THE BRIDGE 廊桥的菜品完全在他对成都美食的期许之中，来成都吃廊桥，就能令他读懂川菜文化，也许这便是江主厨一直提及的川菜的国际化表达。

晚宴现场让 Bombana 先生看到了这座古老城市的食客们对不同地域的食物展现出的热情与尊重，在此复刻了一席原汁原味的米其林三星晚宴，总是笑盈盈的 Bombana 先生也一刻都没有停下来，穿梭于后厨与席间，热情地问候宾客们，亲自为大家片黑松露，熟悉他的人都知道，这是他几十年来的习惯，在香港、上海、北京、澳门都是如此，来成都也是。

尽管江先生特意为这次晚宴研发了兼具传承与创新的五道新菜，但他也直言，不会全部将这几道菜品纳入廊桥 THE BRIDGE 的菜单。这算是遗憾吗？遗憾或许才能抵达完美，成为江振诚与 Bombana 一期一会的经典瞬间。

什么是经典？经典是具有突破性的，将人们带入更广阔的陌生世界。

两位星厨，用美食对话，用料理思考，从一道道菜品中追根溯源，重现当年马可·波罗为中国和意大利联结的美味中那些遥远的相似性；两位星厨，又如高手过招，默契使然，一气呵成，谁也不会抢风头，而谁也不会敷衍示弱，一席盛宴，脉络清晰，完美呈现；两位星厨，不仅打破了不同国家菜系的边界，更是开创了以黑松露单品食材为主轴，西式食材为中用，堪称黑松露料理教科书之典范，中西顶级料理合璧之先河，载入世界餐饮史册名厨跨界之经典！